意念力

激发你的潜在力量

[美] 大卫 · R. 霍金斯/著　　李楠/译

光明日报出版社

图书在版编目（C I P）数据

意念力 / (美) 霍金斯著 ; 李楠译 . -- 北京 : 光明日报出版社, 2014.8（2025.9重印）

书名原文: Power vs.force-the hidden determinants of human behavior

ISBN 978-7-5112-6842-6

Ⅰ . ①意… Ⅱ . ①霍… ②李… Ⅲ . ①自我暗示－通俗读物 Ⅳ . ① B842.7-49

中国版本图书馆 CIP 数据核字 (2014) 第 160208 号

图字号：01-2014-5213

POWER VS. FORCE - The Hidden Determinants of Human Behavior

By David R. Hawkins, M.D., Ph.D.

意念力

YINIANLI

著　　者：〔美〕大卫 · R. 霍金斯　　译　　者：李　楠

策　　划：双螺旋文化

责任编辑：杨　茹　　责任校对：傅泉泽

特约编辑：唐　浒　杨亚妮　　责任印制：曹　净

封面设计：蒋宏工作室　　特约技术编辑：张雅琴　黄鲁西

出版发行：光明日报出版社

地　　址：北京市西城区永安路106号，100050

电　　话：010-63169890（咨询），010-63131930（邮购）

010-63497501，63370061（团购）

传　　真：010-63131930

网　　址：http://book.gmw.cn

邮　　箱：gmrbcbs@gmw.cn

法律顾问：北京市兰台律师事务所龚柳方律师

印　　刷：固安兰星球彩色印刷有限公司

装　　订：固安兰星球彩色印刷有限公司

本书如有破损、缺页、装订错误，请与本社联系调换，电话：010-63131930

开　　本：145mm×210mm

字　　数：260 千字　　印　　张：7.5

版　　次：2014 年 9 月第 1 版　　印　　次：2025 年 9 月第 15 次印刷

书　　号：ISBN 978-7-5112-6842-6-01

定　　价：45.00 元

那些有智慧的人看起来平淡无奇
看似心地纯朴、头脑简单
其实他们是那些洞悉绝对真理模式的人
明白那些模式是一种微妙的能量
而正是这一无名的微妙能量推动了整个世界

目　录

第三部分　意义

前　言

设想一下:如果你想问的任何问题,都有一个简单明了、非此即彼的答案,结果会是怎样? 答案是无可置疑的,问题可以是任何问题。

设想一下:一些简单的问题,比如说:"珍妮现在正和另一个男孩子约会吗?"(是/否)"有关学校的事情,乔尼说的是实话吗?"(是/否)但是再继续向前迈一步呢?"这是一桩安全稳健的投资吗?"(是/否)或者说,"这是值得我为之奋斗和追求的事业吗?"(是/否)

如果每个人都有办法得到确切的答案,会立即产生惊人的意义,那么再次思考一下:

假如"当事人罪名成立"这一命题有一个明确的、确凿的答案,我们那庞大的、时不时就会出错的司法体系又将如何?

政治上又会产生何种后果? 假如我们每个人都问一个相同的问题:"候选人 X 先生意欲忠实履行其在竞选中许下的承诺吗?"(是/否)并且,我们每个人的答案都如出一辙。其实,这问题的答案我们都已了然于胸。

这对广告业又会产生怎样的影响? 就这样,没什么可说的了！你一定已经有想法了。

正如人们所说，假如人类在学会说话后一个小时就学会了撒谎，那么上面所讨论的现象中的任何一个，就会成为自原始社会以来，人类知识最为根本的变革的起源；从通讯领域到道德领域，以及在最基本的概念方面乃至日常生活的每个细节，它都会引起非常深刻的变革，以至于深刻到我们无法想象，在随之而来的那个崭新的真理时代中，我们的生活会是怎样。我们从前所熟悉的那个世界，就会从根本上得到永久改变。

科学界第一次注意到人体运动学①，是在20世纪后半叶通过乔治·古德哈特博士的著作了解到的。他是肌肉动力学/应用人体运动学这一专业的创始人。他发现，诸如像有益的营养补剂之类的良性身体刺激，能够增强指示肌肉的力量，反之，一些有碍健康的刺激能够突然减弱肌肉的力量。其意义在于，人体在其头脑所能“察觉”的观念意识范围之外，能够通过肌肉测试来发出指示信号，以此判断什么是有益的，什么是有害的。书中稍后会提到一个典型的例子，即一个普遍观察到的现象：指示肌肉在接触到化学甜味剂的情况下，就会变得软弱无力；而相同的肌肉，在接触到有益健康的、天然的食物补充剂之后，就会变得强壮有劲。

20世纪70年代后期，约翰·戴蒙得博士将这一专门领域进一步发展为一门新的学科，他将其称作行为运动学。除了身体刺激之外，积极或者负面的情感和智力刺激，也同样能够增强或

---

① 人体运动学：名词，是研究人类肌肉及其运动，尤其是研究适用于身体状况的肌肉运动的科学。摘自霍顿·米夫林出版社1987年出版的《美国传统词典》。

者减弱指示肌肉的力量。这是戴蒙得博士的一项惊人发现。一个微笑能使人充满力量,一句“我恨你”则能使人的力量减弱。

在我们进行下一步论述之前,先来看看试验是怎么做的吧。尤其是,我知道很多读者此刻都跃跃欲试,想要亲自体验一下。下面就是戴蒙得博士描述的试验程序要点,摘自他在1979年出版的著作《你的身体不会说谎》。这一程序是他从1971年出版的H. O. 肯德尔的著作《肌肉:测试与功能》一书中摘编出来的。

这项试验需要两个人配合。可以请一位朋友或者家人帮忙试一试。我们将他/她叫做你的被试者。

1. 请被试者直立站好,右手手臂放松,放在身体一侧,左手手臂与地板平行,肘部绷直。(如果你愿意,也可以用右手手臂。)

2. 面向你的被试者,将你的左手放在他的右肩上,以帮他保持平稳站立。然后将你的右手放在被试者伸直的左臂上,放在其手腕处。

3. 告诉被试者,你将要向下按压他的手臂,他需要用尽全力来对抗。

4. 现在,快速、用力、均匀地向下按压他的左臂。指导思想是,要足够用力以便能检测胳膊的弹性和活力。但是又不能过于用力,以免使胳膊感到疲劳。问题的关键并不在于谁是更强壮的,而是肌肉能否在外力作用下“锁住”肩关节。

假设被试者的肌肉没有任何问题,心理正常,精神放松,且没有受到任何外来刺激的干扰(基于这一点,主试者不能面带笑容,不能与被试者有任何交流沟通,这很重要),肌肉就会在测试中显得很“有力”,左臂也会保持不动。如果在有负面刺激的情况下重复做这一试验(比如说有人工甜味剂),“尽管你并没有比先前更用力，但是肌肉却不能再抵抗住你施加的压力，被试者的左臂会向身体左侧垂落。”

戴蒙得博士的试验中有一个惊人发现，即所有被试者的反应都如出一辙。所有的测试结果都不出所料，并具可重复性和普遍适用性。测试结果之间变化不大，甚至在刺激物与反应之间无法找到任何合理的联系。由于完全不确定的原因，一些抽象的符号能够使所有被试者的肌肉力量减弱；反之，另一些则能够使之变得有力。有一些结果令人迷惑不解：一些图片本身并未包含任何明显积极或消极的内容，会导致所有的被试者感到无力；然而另一些“中性”的图片却能够让他们变得有力。另外一些结果则能激发无限的揣测：虽然几乎所有的古典音乐和大多数流行音乐（包括“经典的”摇滚）都能引起所有被试者的强烈反应，但是20世纪70年代晚期风靡的硬摇滚和重金属摇滚却能使被试者感到无力。

在试验过程中，戴蒙得还留意到了另外一个现象，但却并未对由此现象产生的非同寻常的意义进行深入分析。被试者在倾听众所周知的骗局的磁带录音时，比如林登·约翰逊总统发动的东京湾战争，爱德华·肯尼迪阻挠查帕圭迪克群岛事件，都会使得他们感到软弱无力。但是，当倾听那些无可置疑的正确结论时，他们的能量都会普遍增强。这就是本书的作者，著名的精神病学专家和内科医生大卫·R·霍金斯研究的出发点。1975年，霍金斯博士开始研究人体运动学对于真理与谬误的反应。

有一点已经被证实，即被试者并不需要同测试中出现的物质（问题）有某种必然的意识联系。在双盲测试中，以及在有全部演讲听众参与的大规模演示中，如果在未封口的信封中装上人工甜味剂，被试者会普遍感到无力；反之，在接触到装有安慰剂的同样信封时，则会变得有力。在智力水平的测试中，同样真实的反应也发生过。

在这其中起作用的似乎是某种形式的公共意识，即“宇宙魂”①；或者用霍金斯沿袭荣格的话说，“意识的数据库”。在其他群居动物的身上，此类现象也很常见。一条游弋在鱼群边缘的鱼，当它的同伴在四分之一英里外躲避捕食者的追赶时，它会突然转弯。这一点，跟我们人类的心有灵犀很相像。有很多文字记载表明，很多个体对于某个陌生人的第一次接触就感觉非常熟悉。这就无可否认，除了我们的理性意识之外，人类之间还存在某种形式上的共通经验和感知。或者简言之，这些内在的、亚理性的相同的智慧火花，能够分别健康的和不健康的、正确的和错误的。

这一现象具有很强的启示性：这一反应具有二元性。霍金斯发现，如果对所有的问题都仔细进行表述，那么它们都将有一个非常明晰的、非此即彼的答案。这一点，正如神经突触有开关和闭合，“知识”都有基本的细胞结构一样，也正如那些前沿的物理学家们所告知的那样，是宇宙能源的本质。人类原始状态的大脑，是一台神奇的计算机，它同宇宙能量场之间存在某种联系，而实际上，它知道的，远比它以为它知道的要多得多。

即使如此，随着霍金斯博士研究的深入，他最富创造力的发明，就是有关相对真理的一套标度体系，能够用 1 到 1000 的指标对人类智力、声明陈述或意识形态进行衡量。人们可以问“这

---

① 出自17世纪柏拉图学派学者亨利·莫尔。它容纳人类过去的种种记忆，像一间储藏室，供应个人的梦与想象。这个说法有点近于荣格的集体无意识。

个项目/书/哲学/教师能够打 200 分(是/否)或打 250 分(是/否)”,诸如此类,直到最后到达能够决定这一刻度的最弱反应。这些标度的深远意义在于,在人类历史上它首次将任何主体的思想意识的有效性,作为一种本性来对其进行评估。

在对相似标度进行了 20 年的研究之后,霍金斯能够对人类的意识水平进行谱系分析,发明出了一套引人入胜的、有关人类心理体验的图表。这个“对意识的解剖”,描述出了整个人类的一个大致状况,使我们能够对个体、社会以及整个人类的情感和精神发展进行全面分析。这一观点意义如此深刻,影响如此深远,不仅为我们理解人类在宇宙中的发展进程提供了新的思路,也为我们所有人了解自己,了解我们的邻居处于精神启蒙的哪个阶段,以及了解我们自身的发展指出了方向。

在这本书中,霍金斯博士将他几十年的研究成果,及其对于发生在高等粒子物理和非线性动力学领域中的、一系列发人深省的革命性研究成果的深刻洞察,呈现给我们。在我们西方的智力领域的历史记录中,他向我们首次展示了科学的冷光已经证实、那些神秘主义者和先哲圣贤们曾经讲述过的关于自我、上帝和现实的本质。这一关于存在、本质和神性的观点,呈现出了一幅人类与宇宙关系的画面,它同时满足了精神和理性的要求,因而是独一无二的。这是一个有关智力和精神的丰硕成果,你可以尽情地享用它。

往下翻页吧,精彩的未来就要开启了。

编辑:E. 韦伦

巴德出版社

1995 年于亚利桑那州

绪　言

要将简单的事情解释清楚，并非一件容易的事。本书的大量篇幅都尽力做到浅显易懂。如果我们真正能够理解哪怕一件简单的事，我们认识宇宙和生命自身本质的能力，都能得到极大的拓展。

目前，人体运动学已经是一门完善的学科了。它是以肌肉对刺激的“全或无”①反应测试为研究起点的。一个积极的刺激，能够使得肌肉在测试中变得强壮有力；反之，一个负面的刺激，则能够很明显地导致测试肌肉感到虚弱无力。人体运动学的临床实验采用了肌肉测试作为一种诊断技术，这在过去的25年中，已得到了广泛的验证。古德哈特博士最初在这一课题上的研究成果，在约翰·戴蒙得博士这里得到了更为广泛的应用；后者将这一研究主题写入书中，从而为世人所知。戴蒙得断言，这种应对刺激的正面和负面反应，是在生理和心理上同时发生的。

而这本书所进行的研究，又将戴蒙得博士的研究成果向前

① 刺激电位未达阈值，动作电位不会产生，刺激电位达到阈值，产生动作电位，且动作电位不因刺激幅度的增强而增大，称为“全或无”特性。

推进了好几步。通过研究发现,这种人体运动学上的反应,反映出人体组织不仅能鉴别正面和负面的刺激,还能区分合成代谢(提升生命力)和分解代谢(消耗能量),甚至更令人惊奇的是,还能判断对错。

这种测试非常便利、快捷,且十分安全。一句客观上正确的陈述,能够激发肌肉正面的反应;如果被试者听到的是一句错误的陈述,那么就会产生负面的反应。这种情形的发生,与被试者本身的观念或者在这个话题上的知识面无关。经过在不同文化背景和不同的人群中的多次测试,反应和结果都是始终如一。试验结果满足了科研要求的可复制性,进而可以经得起任何研究者的可行性验证。在人类历史上,这项技术首次为我们提供了一个客观的平台。它能够通过随机选择的、毫无经验的被试者进行对错的判断,并且经得起时间的检验。

此外,这一可被检验的现象能够用来作为衡量人类意识的刻度标尺,以至于一个任意整数的对数刻度就出现了,可以将人类在所有领域内的心理体验的意识能量都进行相应的划分。经过充分的实验,发现了一套关于意识的刻度,其中从 1 到 1000 的整数的自然对数,能够衡量人类意识所有可能的水平的能量等级。

数以百万的刻度证实了这一发现,并且将其进一步推向深入,发现了人类事务上的能量分层,显示了在内心能量、外在负面能量和它们各自的特质之间的显著差别。反过来,这又引领我们对人类行为进行了一次重新的全面解读,就是为了识别出在背后控制它的无形能量场。人们发现,这一刻度体系与“长青哲学”谱系中的亚层次状态是一致的;至此,它与社会学、临床心理学和传统的精神的情绪和智力现象的相互关联就立刻显现了。①

根据高等理论物理和非线性动力学混沌理论的最新研究发现,这一刻度体系得以验证。我们推测,这一套经过验证的标准,代表了人类意识域内的强大吸子场。而人类的意识域,决定了人类的存在,因此也限定了人类存在的内容、意义和价值,并且能为人类广泛的行为模式组织输送能量。

根据人类意识的相应层次,吸子场的分层为我们提供了一个新的模式,能够将人类所有历史上的心理体验进行语境重置。实际上,通过取得这些从前我们无从获知的数据,我们的方法,不仅能为历史研究带来巨大的价值,也可能为人类的未来发展带来巨大的福音。为了清晰呈现这一方法的研究价值,我能举出很多例子证明它在人类各个生活领域的潜在应用:研究深入一些,它在艺术、历史、商业、政治、医学、社会学和自然科学领域都能得到应用;实际生活中也能广泛作用于市场营销、广告、产品研究和开发方面;从社会实践来看,在心理学、哲学和宗教研究方面也有积极作用。

但是通过对这一研究成果的进一步应用,再加上按照外推法将它细化之后,就产生了一个以前几乎从未被提起过的问题。尽管这一个成果,是在历时20年的研究之后得出的,并且这数百万的刻度值是许多研究团队在研究了成千上万的课题之后得

---

① 根据阿尔道斯·赫胥黎的概括,“长青哲学”是指25个世纪来,“时而以这种形式,时而以那种形式,源远流长,无休无止”的一种普遍的世界哲学。它在全球各地的每个时代都出现过。

出的，它能够提升我们在所有艺术和科学领域的知识，但本书对这一方法的阐释，怕是有挂一漏万之嫌，只能起到一个抛砖引玉的作用。或许最重要的是，它能够在人类的精神成长和成熟方面，起到一定帮助作用，协助人类发展到意识的最高级阶段，直至启蒙时代。

不管过去还是现在，借助此处描述的人体运动学的测试程序，这一主题的无穷信息都是普遍适用的。任何事情、任何人、任何地方、任何时间点发生的任何事情，都是可以认知的。这一认识，首先就创造出了一个惊人的模式。总的来说，这一反应都是出自对意识本身的非定域性、非人格性、普遍适用性的认识；具体来说，是来自个人思想动机的可观察性这一认知。个人的每个思想和行为，都能在宇宙中留下恒久难以磨灭的印记，这是一个让人不安的想法。

正像发现无线电波和 X 射线的情形一样，它们拓展了我们认识宇宙运转方面的知识。这不仅使我们对现有的世界观进行语境重置成为可能，同时也要求我们必须要这样做。这一新知识的意义在于，它要求我们重新审视先前的陈旧观念，将其放到一个更大的背景中探究。尽管这或许会招致一些思想上的压力，但是人类行为这一科学的语境重置，将会揭露出个人和社会问题背后的基本结构，从而能进一步揭示解决问题的方法。

鉴于这个主题事实上异常简单，因此要在如此一个复杂的世界中呈现这一点是非常困难的。尽管我们对简化并不信任，我们看到，这个世界上大致存在着两类人：信教的人和无神论者。对后者来说，如果一件事不能证明是对的，那它就是错的；对前者而言，如果一件事是诚心诚意说出的，除非能证实它是错的，否则它就是正确的。那些愤世嫉俗的怀疑论者之所以如此悲观，是因为他们心有畏惧。接受信息较为乐观积极的方式，来源于他们本身的自信。两种方法都能行得通，也各有利弊。这样一来，我就面临着一个问题，那就是把我的数据，用能够满足上面两种方法的方式呈现出来。

因而，这本书在风格上，用了矛盾修饰法，能够方便所谓的"左脑"和"右脑"的理解。实际上，我们是通过一种整体的模式识别来认知事物的。掌握一个全新的概念，最简便的方式，就是熟悉它。这种理解方式受到了以"闭合"为特征的写作文体的鼓舞。这一文体不用寥寥的形容词或者例子来加深读者的印象，相反，它频频使用重复这一修辞手法。概念解释清楚了，头脑也随之安然了。

对于这个问题，从第一章开始读起，一直循序渐进直至最后，这个观点本身就是左脑的固定思维模式。这是牛顿物理学的路线，是基于它对世界的一个有限的认识，那就是所有事件都想当然地是以 A→ B→ C 的顺序发展的。这一毫无远见的观点，出自于一个对现实的过时的模式认识。我们的视野之所以得到拓宽，不仅得益于物理学、数学和非线性动力学的最新发展，同样也得益于直觉这一可以被任何人试验验证的事实。

总体说来，将这些材料在人类眼前呈现出一个难题：在一个线性的结构中理解一个非线性的观点，本身就是一个悖论。采集这些数据的科学领域本身，就是非常复杂的。这些领域包括：高等理论物理、数学、非线性动力学、混沌理论和其所属的数学学科、高等行为运动学、神经生物学、湍流理论以及认识论和本体论的哲学思维。除此之外，还有必要强调人类自身的感知性——这是一个尚未被科学认知的领域,其中的科学性都会被它吸引,并显现出来。仅试图从智力的角度完全透彻地理解这些学科,会是一个倾其一生的艰巨事业。为了便于理解,我尽量将这些学科和它们研究工作的精华,做一个提炼概括。

即使是要对本书最基本的测试方法的运作方式做一个最粗浅的解释,也要首先僭越这个宇宙一些已知的法则,最终将无可避免地进入高等理论物理、非线性动力学和混沌理论的领域范畴。所以,我将尽我最大的能力,尽量不用术语来解释这些主题。别以为阅读这些材料非得知识渊博才行。事实并非如此。我们打算围绕着这些相同的理念翻来覆去地讲,直到它们变得浅显易懂。每一次,我们重新对一个例子展开评论的时候,理解都会加深一步。这种学习过程,就好像开着飞机,侦查一个新的地形。第一次看到的时候,对它茫然不知;第二次,我们能发现一些参照点;第三次,那些简单的方位就为我们所熟悉了。剩下的,就交给我们头脑中天生的模式识别机制去处理好了。

但是我担心,虽然我尽了最大努力,最终还是词不达意,读者可能仍然无法领会这项研究的核心信息。所以我要事先宣布:单个的人脑,就像一个计算机终端一样,与一个庞大的数据库相连。这个数据库,就是人类意识本身,我们自己的意识,只不过是它的一个个体表达而已。人类意识,是植根于所有人类的共通意识经验之中的。这一数据库是天才的王国:生而为人,已经参与了这一个数据库的活动,每个人因其降生,就有了接触天才领域的权利。这个数据库所蕴含的无穷无尽的信息,能够在短短数秒之内为任何人在任何地点和任何时间轻易获得。这的确是一个惊人的发现,它拥有足以改变人类个体生活和集体生活的能量。而至于在何种程度上改变,则是谁也无法预知的。

这个数据库,超越了时间、空间和个体意识的所有限制。这就使其成为一个无与伦比的研究工具;它使得开启迄今为止人类从未奢望涉足的领域的研究成为可能。它展望了一种前景,即为人类的价值体系、行为体系和信仰体系创建一个客观的平台。通过这种方法获取的信息,能够开启一个新的背景,使得人类的行为能够得到重新审视,并创建了一个新的模式,能对客观事实加以验证。这项方法本身能够被任何人在任何地点随时进行应用,所以在可观察到和可验证的事实基础上,它足以开创一个人类认知的新纪元。

尽管这一主题在讲座中和录像带中(参见附录C)讲述没有问题,但是要是将它写得通俗易懂,我就需要竭尽全力去完成了。证据很复杂,试验示范呢,却又是异乎寻常的简单。孩子们一听就懂,饶有兴趣。对他们来说,没有什么是令人吃惊的。他们总是知道,他们其实是与数据库连接的;我们成年人只不过忘记了这一点而已。孩子们与生俱来的天才很接近事物的表面,这就是为什么是儿童发现了皇帝没穿新衣。天才就是这样。

如果读到最后,你惊呼,“我早就知道是这样”,那么我就算是成功了。其实我要说的,也不过是你早就知道,但是不知道自己已经知道的内容罢了。我所希望的,只不过是把这些散乱的点缀串连起来,使隐藏的图形显现出来。

作为作者,我希望本书能够解开我们所有痛苦、苦难和挫折的根源,能有助于我们每个人的意识发展到喜悦的水平,因为那才是我们人类心理体验的本质所在。

这本书陈述的研究工作,开始于1965年的春季,最终在

1994年6月大功告成。大多数的研究材料来自于撰写博士论文期间。本书报告的研究结果主要是通过下面提到的研究工具，即人体运动学的反应独立得出的。这项研究一直在独立进行，没有参考任何外界的信息资料；在不久之后，将这一研究成果与其他学者的著作进行了整合，以在学术性探讨的框架里供人参考。本研究中的大量工作，现在已经被世界各地很多独立的研究证明了。这些报告是在1994年4月，在位于图森的亚利桑那州卫生科学中心召开的会议上提交的，这是关于意识方面的首次大型会议。

我们的研究团队，运用本书中描述的测试方法，对每一章节、每一段落和每句言语的真实性进行了评估。（例如，经过测试，我们发现一个列有名人姓名的名单有问题。这些名人，都是毁于盛名之下的。我们检查了每个单词，发现“约翰·列侬”[1]这个名字有问题。事实上，他是被刺客枪杀的。把他的名字删除以后，这个句子，还有这个段落和页面的真实水平，与该章节内的其他段落就一致了。）

本书的最初版本，曾在一些读者中有选择地进行了传阅。这些读者，从一些普通的医疗工作者到国家元首。他们所作的评论，有些已经放在封底了。每个人对这一主题的反应都是独一无二、与众不同的。（我们注意到一个有趣的现象，在读到这些评论以后，被试者个体的成绩有所提升；看起来似乎是接触到

---

① 英国著名摇滚乐队“甲壳虫”的成员，于1980年12月8日在纽约被枪杀。2002年，根据BBC的民意调查，John Lennon被定为有史以来最伟大的100位英国人中的第8位。

了这些数据“提升”了他们的意识水平。)由于这项工作实际应用的启示如此迥异,这些材料的任何方面都能被加以扩展,专注于适合特定读者的兴趣,某些部分适合于不同的特殊兴趣小组作临床应用。

书中的一部分材料,来自于作者在第一届关于意识和成瘾问题的国际会议上做的主旨发言。该会议是于1986年在加利福尼亚州的圣马特奥召开的。会议论文结集成册,由布鲁克思奇学会在1986年出版(《戒除上瘾行为》和《超越界限》,责任编辑为雪莉·波顿和里奥·凯利)。1987年在旧金山召开的第二次国际大会上,又将其扩充为一个为时四个小时的录影带。

材料的其他部分,来自于一系列国内发行的录影带:《处理重大危机》、《心血管疾病及心脏问题》、《抑郁症》、《酗酒》、《精神急救》、《衰老过程》、《无尽苦难》、《压力》、《忧虑、恐惧和焦虑》、《健康》、《疾病》、《特殊关系》和《性爱》等。(柯尔曼出版公司出版,阿米提维尔,纽约,1984—1986)。

材料的一些内容,还在酒精和药物康复中心的讲座上讲过。该讲座每周一次,每次三个小时,持续讲了五年。(驼峰医院塞多纳庄园,1984—1988)。

这是首次以一种纯粹的形式,对意识本身进行的全面的剖析与刻画,并没有刻意地进行删减以迎合某些特定读者的兴趣。

引　言

人类所有行为,都有一个共同的目的,意欲了解或者影响人类先前的经验。为达到这个目的,人类发展了许多描述性和分析性的学科,诸如伦理学、哲学和心理学等。为了预测自身发展趋势,人类在数据采集和分析上耗费了大量的时间和金钱。隐含在这种狂热的研究之中的目的,就是人类期望发现某种终极"答案"。自始至终我们似乎都确信,这个"答案"一经发现,就能够解决我们在经济、犯罪、全民健康以及政治领域内的诸多问题。但是迄今为止,我们尚未解决这些问题中的任何一个问题。

问题并不在于我们缺少数据;恰恰相反,我们几乎淹没在数据的汪洋之中。困难在于,我们缺少可以解读这些数据重要意义的有效工具。我们无法正确地进行发问,因为我们无法就问题的相关性和准确性进行合理地评估。

从古至今,人类的困境在于,我们错误地把自身的人工智力产品当成了现实。但是,这种主观臆测仅是某种武断的偏颇视角的产物而已。

单纯进行数据分析,并不能得出结论。只有在特定的语境中进行的数据分析,才能得出结论。除非我们明白数据的意义,否则它对我们来说毫无用处。而要明白这些意义，我们不仅需要提出正确的问题，还需要适当的工具来帮助我们正确地整理和描述数据。

尽管人们做了各种努力，试图解释自身行为的深层意义，但是，对大多数人类行为还是无法进行破译的。我们设计的用来解释自身行为的种种系统，看似应用广泛、冠冕堂皇，但受制于其内在的初始设计的局限性，却一个接一个地将我们引入了死胡同。在我们探索人类问题的本质的过程中，尚未形成一套行之有效的检验标准，能让我们去衡量和解读人类历史过程中的种种行为动机和心理体验，这一点现在已经非常清楚了。

哲学的所有分支，都试图通过创造种种抽象概念，并将这些概念融入某些终极存在来以此解读人类的心理体验。政治体系全部是基于一个假设，即人类的一切价值标准都是相对的，只是缺乏确凿的事实基础。所有的道德体系，最终都避免不了武断地将极其复杂的人类行为归结为简单的对错范畴。精神分析学，由于其致力于揭示人类的潜意识领域，由此产生了一系列杂乱无章的治疗和各种从不同角度分析出来的心理现象，使上述情形变得更糟。人类一直在不懈努力，试图解读自身的奥秘，结果却陷入了一个语义困境，最终就是任何人说的任何事都可能在某种程度上是正确的。由于因果关系的确切性质具有不确定性，即使出现了可计量或可权衡的结果，也通常会被归于人为原因。

我们所有的思想体系犯的致命错误，主要在于：(1)没有能分清主、客体；(2)无视其基本设计和术语固有的语境限制；(3)忽视了意识的本质；(4)误读了因果关系的本质。随着我们发现新的工具，从崭新的视角来研究人类心理体验的主要领域，这些缺点的后果会变得越来越清晰。

我们这个社会，总是不断尽力去改变事情的结果，而不去究其原因。这也正是人类意识为何进化和演变得如此缓慢的原因之一。现在人类基本还处在发展阶梯的第一级上，因为我们甚至都没能够完全解决像世界饥荒这样最原始的问题。其实，迄今为止，人类所取得的成就都是通过反复地实验，不断地摸索，在跌跌撞撞中取得的。人类这种漫无目的探索方式，给自己制造了一个复杂的迷宫，然而真正的答案却是以简洁为标志的。宇宙的基本规律是经济。宇宙的原则是不浪费一个夸克（组成基本粒子的更小的粒子）——所有物质的存在都有其目的，并要达到某种平衡——没有任何事件是无足轻重的。

缺乏对自身的认识，这是人类目前无法摆脱的困境。除非我们能够学会把目光投向事件显而易见的原因。从人类历史记载中我们已经得知，通过对世界"成因"的分析，未能得出问题的答案。反之，必须要分析那些貌似真实的成因得以产生的条件，而这些条件，仅仅存在于人类意识之中。忽视事件的序列顺序，仅仅用一个主观的概念"因果关系"来解释问题，是绝对不可能得出任何问题的确切答案的。在我们这个自然或者客观的世界上，不存在任何成因。正如我们将要证实的，这个客观世界是一个效应的世界。

人类最终往何处去？是否由于混沌子系统已然失控，人类变成脱了缰绳的破坏之王，因而注定了要走向灭亡？这一悲观预期的背后，是人类社会对于未来发展走向的普遍认识。全球民调显示，地球上到处都弥漫着一种强烈的忧伤，即便是在发达国家也是如此。[1] 大多数民众都听天由命，悲观失望，把希望寄托于来世，企盼来世能有一个美好的生活。少数的空想家则预见到了一个乌托邦的未来，但却找不到实现这一理想世界的途径和手段。这个世界需要的是能带领我们实现目标的有真知灼见的人，而不是只知道结局的空想家。一旦我们找到了正确的途径，乌托邦也就离我们不远了。

之所以无法找到行之有效的途径，困难在于我们无法区别本质和现象。迄今为止，没有一个体系能够提供一种方法，能够辨别出一条高效、有力的途径。我们的评估方法本身，因其固有的缺陷，无法完成现实的有效评估。

这个社会的选择，通常是在荒谬的统计数字、情绪、政治或媒体压力，甚至是个人偏见和既得利益的作用下做出的权宜之计。影响这个星球上每个人生活的重要决定，几乎都是很可能会导致失败的条件下做出的。由于社会缺少必要的事实基础，无法找到解决问题的有效方法，因而他们一而再，再而三地借助于负面能量，却不懂得诉诸于内在的正面能量——这种能量非常经济；而外力通常有各种各样的形式，诸如法律、税收、战争、规章制度，等等，并且需要付出非常惨痛的代价。

人类的两种基本运作能力，理性和感性，从根本上来说都是靠不住的。这一点，已由人类历史上的一些亲身涉险的个体和集体生存证明了。虽然我们常把我们的行为归功于理性指导的结果，但实际上，人们主要是凭借模式识别对数据的合理排列，

---

① 议会联机图书馆研究，《幸福很难在世界上任何地方找到》，《纽约时报》，1993年9月13日。

主要是为了增强模式识别系统的能力,然后使之变成“真理”。但是,除非在特定的情境下,否则没有什么是“真实的”;然后只要从一个特定的视角来看,其特点便昭然若揭。

结论是,富有思想的人由此推断,人类所有的问题都起源于不能准确的“知悉”。最终,人类意识到了认识论是哲学的一个分支,其研究人类怎样获得知识,和人类究竟能够在何种程度上了解这个世界。一些哲学研究要么看起来博大精深,要么毫不相关,但是他们提出的问题实质上要直击人类心理体验问题的核心。不论我们从何处起步,探究人类知识范畴,我们总会止步于人类认知这一现象和人类意识这一本质。最终,殊途同归:人类生存状况的任何一点进步,都有赖于一个准确的、我们可以依赖的知识平台。

人类进步的主要障碍在于,我们不了解意识的本质。如果我们审视自身大脑中的瞬间意识的处理过程,我们很快就会发现,大脑运转的速度远比我们想象的要快得多。很显然,我们的行为都是深思熟虑之后做出的,这一概念是大错特错的。决策的过程是意识的一项功能,大脑飞速运转,分析着数以百万计的数据,在它们之间的相互关联和延伸的基础上做出决定,这些都是意识所不能理解的。这是由能量模式主导的一个全局函数,这一能量模式被非线性动力学这一新兴学科称作“吸子”。

每时每刻,意识都在自动选择那些它认为是最好的。因为,这是它最终惟一能够履行的职能。对特定数据的相关评估,都取决于在个体或者群体心理中占有支配地位的吸子模式。这些模式可以被识别、描述和衡量。获知了这些资料和信息,就能对人类的行为、历史和命运有一个全新的认识。

本书阐释的这项研究成果历时20年,牵涉了数以百万计的刻度标记,正是想要让这一认识为大家所知。这一启示,来源于发现了生理学中的意识、人类神经系统的功能和宇宙的物理现象之间的一个偶然联系。这并不令人吃惊,因为我们知道,其实我们自身也是这个宇宙的一部分,而在这个宇宙中万事万物无不是相互依存的。理论上讲,所有的秘密都不成其为秘密,因为只要我们找对了方法,它们自会昭然若揭。

人类能通过自己的能量获得成功吗?有何不可呢?人类所要做的就是增强信心,就能轻易地上升到一个新的高度。外力并不能够取得上述成就,而精神的能量不仅能在分类实现,事实上也经常如此。

人类通常认为,他是利用他能控制的负面能量生存的。实际上他在受那些秘密来源的精神力量的支配。因为精神力量没有行迹,我们不知其存在。外力仅凭感官就能感受得到,而精神力量,非经内察而不可知。

个体就像一个在意识的汪洋大海中漂浮的软木塞——他不知道自己是谁,从哪里来,又到哪里去,也不知道为什么会是这样。在这一棘手难题面前,人类徘徊了一个又一个世纪,问着相同的问题,与意识谬以千里。语境和理解力的大幅度拓展的一个标志就是慰藉、喜悦和畏惧等内心感受。所有体验过这些内心感受的人,此后都会觉得宇宙赐予了他一件珍贵的礼物。正如马哈希尊者所说,我们努力寻找事实真相,但真相自然显现,无需找寻。我希望通过阅读本书,读者能够理解,并能够为获得这样一种个人心灵启示创造一些条件。那样,才真的是终极冒险。

第一部分　工具

第一章　知识的重要进展

此项工作的研究始于 1965 年，在其发展进程中，得益于许多科学领域的研究进展。这其中又有三项学科尤为重要：神经系统的临床生理学研究，以及人类机体整体机能的临床研究等，都使得人体运动学这一新兴学科在 20 世纪 70 年代得到了长足的发展。

与此同时，计算机在科技领域出现了。它能够在毫秒之内进行数百万次的运算，这也使得人工智能这一新型工具得以为人类所用。在计算机出现之前，要处理如此庞大的数据，那是不可想象的。这一突飞猛进的发展，也为人类观察自然现象提供了一个革命性的创新性视角：混沌理论。同时在理论科学领域，量子力学又推动了高等理论物理的发展。通过与数学相结合，又诞生了新兴学科非线性动力学。这是现代科学最有深远意义的进步之一，其长远影响仍有待后人继续验证。

人体运动学首次揭示了身体与思想之间的紧密联系，发现思想所“想”与身体是一致的。因此，在疾病发展过程之外，它为我们提供了一条了解在隐蔽机制内的人类意识的康庄大道。

先进的计算机技术,使得通过对海量数据的图形学分析得以实现。这样,在牛顿物理学说中受到忽视的一些系统,比如一些难以破解的信息,还有看似毫无意义的数据(比如混沌)进入了人们的研究视野。不同领域的学者们,突然能够将原本认为不相干的(或者说它们是非线性的,发散的,无序的)数据研究方法联系到一起。这些数据用传统的概率逻辑理论和数学方法是无法进行分析的。

对这些"不相干"数据的分析,识别出了在明显的、随机的自然现象背后的隐性能量模式,或者说吸子。计算机图形学能够很清楚地将这些吸子场的结构图形表现出来。在一些截然不同的研究领域,例如流体力学、人体生物学和恒星天文学等,这些据称是难以预测的系统分析的潜能看起来是无穷无尽的。(尽管如此,除了在市场上的、由"分形"几何学引发的一些有趣的、新型的计算机图形学模型之外,公众对于非线性动力学这一新兴领域几乎一无所知。)

在这些理论没有问世之前,线性科学在其发展过程中,根本无视生命自身的基础。但事实上,所有的生命发展都是非线性的。内科医学也具有同样的特点。它对人体运动学一系列令人震惊的发现根本就无动于衷。因为在以前的内科学理论中,根本不存在任何能够有助于理解这些概念的语境和模式。内科医学忽视了一点:医学首先是一门艺术,而科学不过是这门艺术所使用的工具罢了。

在内科医学内部,因循守旧者通常都对精神病学敬而远之。因为若以牛顿学说的观点来看,试图处理人类生命深处最深不可测的部分,是一件非常不"科学"的事情。其实,大学的精神病学自从20世纪50年代起，就在精神药理学方面取得了重要的科学性突破。然而，它仍然是内科学中最非线性的部分，研究的都是诸如直觉、决策和所有的生命现象之类的主题。尽管在学院派精神病学文献中，很少提到比如像爱情、意义、价值和意志之类的事情，精神分析学科起码还试图开创出一个比其他传统的内科研究领域稍微广阔一点的视角。

不管大家从哪个学科的角度进行研究：哲学、政治学或者是神学。所有的思考途径，最终都会殊途同归：要求对纯粹意识的本质进行系统地理解。但是，所有上面提到的人类知识的主要流派（包括人体运动学和非线性动力学在内），都在这一人类知识的最后障碍，即在意识本质的探究面前举步不前。确实有一些富于洞察力的思想家，将探索目光越过其各自的研究领域，开始追问宇宙、科学以及意识作为思维的体验之间的关联。[①] 在后面，我们还要提到他们的理论和他们对于人类历史发展产生的影响。

本书的论点主要是将这些学科的研究成果进行融合，使之成为一套雅致、简单而又有价值的方法。我们发现，意识确实是可以研究的。尽管迄今为止尚没有这一研究的路线图，但我们对于这一主题的研究给出了自己的设计，以及有助于理解的背景知识。

---

① 乔弗利·丘提出了靴襻理论/散射矩阵，弗里乔夫·卡普拉在《物理学之道》中引用了这一观点。通过延伸，这一方法能够导致包括人类意识研究在内的将来的物质理论的前所未有的必要性。（Geoffrey Chew，生于1924年，粒子物理学家，20世纪60年代理论粒子物理学界的领袖人物。他和他所领导的伯克利加州大学研究组试图用散射矩阵的解析性质来解释强相互作用，即靴襻理论模型。）

既然宇宙中一切事物都是同其他事物相关联的，那么本项研究的主题，即意识能量场的示意图也是与其他所有的研究路径相互关联的，而且能被后者加以验证，就不会使人感到意外了。它能将人类不同的心理体验及其种种表现形式，都在一个无所不包的模式里加以融合。[①] 这种理念，规避了将主体和客体截然对立的人为二分法，超越了二元性这一受限的视角。事实上，主体和客体本就是浑然一体的。这一点，不须用非线性方程或计算机图形都可以证实。

通过验证主客体本是一体，我们能够超越时间这一概念的限制，而这一概念是理解生命本质，尤其是其表现形式——人类心理体验的主要障碍。若实际上主客体本是一家，那么我们只需通过内察就能得到所有问题的答案。仅仅在记录下所有的观察之后，我们就能看到一幅巨大的画面会浮现在眼前，它预示着未来的研究永无止境。

一直以来，我们所有人都有一台计算机，它远比功能最完备的人工智能机器更为先进，那就是我们的大脑。任何测量仪器的基本功能，都仅仅是通过仪器的轻微变化给出一个讯号来实现检测。在即将被描述到的实验中，人体的反应本身就给出了这样一个信号，它显示了条件的变化。正如大家即将看到的，身体能够最大限度地识别出什么是对身体有益的，什么是有害的。

对这一点，我们不应感到惊讶。所有的生命体都能够对有

① 正如肯恩·韦伯所指出的，任何关于现实的理论，都应当包括并且与长青哲学一致，遵从本体论的存在秩序：(1)物质；(2)生物学；(3)心理学；(4)微妙/圣洁；(5)圣人；(6)终极存在(在意识之外)。这在韦伯的《多维模型理论》第 159 页中提到了。

益和有害的物质做出反应，这正是生命体赖以存活的根本机制。所有生命体，都有与生俱来的本能，能识别外界环境的变化，并随之做出适当反应。海拔越高，树梢就越细，就是因为越往上，空气中的氧气就变得越发稀薄了。人类原生质远比一棵树要敏感得多。

这一方法论被称作吸子研究，是对非线性动力学研究成果的总结，在研究、呈现人类意识场的过程中，我们运用了这一工具。它同识别能量场的功率范围所用的概念"临界点分析法"有关。（临界点分析法是一种技术方法，衍生自这样一个事实，即一个高度复杂的系统中，存在着一个特殊的临界点。在这个点上，任何一个小小的能量输入都能引起最大的变化。如果你轻轻地触碰一下正确的逃逸机制，一个风力发动机/风车的传动机制可以停止运转；如果你确实知道把手指放在哪里，哪怕是让一台巨大的机车陷入瘫痪也是有可能的。）

即使这些重要的模式被一些堆积如山、杂乱无章和难以理解的数据搞得晦涩难懂，非线性动力学仍使得它们在一个复杂的情况中能被加以识别。它使用了迥异于从前的方法和截然不同的问题解决方式，发现了事物之间的相互关联，而这原本被这个世界认为是不相关的。

习惯上，我们这个世界认为，事情的处理过程都是始于已知（问题或者条件），终于未知（问题的答案）。这一切都是按照时间和逻辑顺序，有条不紊、循序渐进的。非线性动力学恰恰相反：从未知（问题的不确定的数据）到已知（答案）。它是在因果关系的一个截然不同的模式中运作的。问题被看作是确定的和可解的，而不是从逻辑顺序的角度来看待(就像解微分方程一样)。①

在我们试图将本项研究的问题做进一步解释之前,让我们先来对提到的一些内容进行详细的验证探究。

吸子

吸子是对在一堆貌似毫无意义的数据中显现的、可识别的模式的称呼。在所有看起来不相关的事情之间,都隐藏着某种关联。自然界中存在的这种现象,首先是洛伦兹在用计算机图形模拟长期的天气模式时发现的。他发现的这一模式,就是现在非常著名的"洛伦兹蝴蝶效应"。

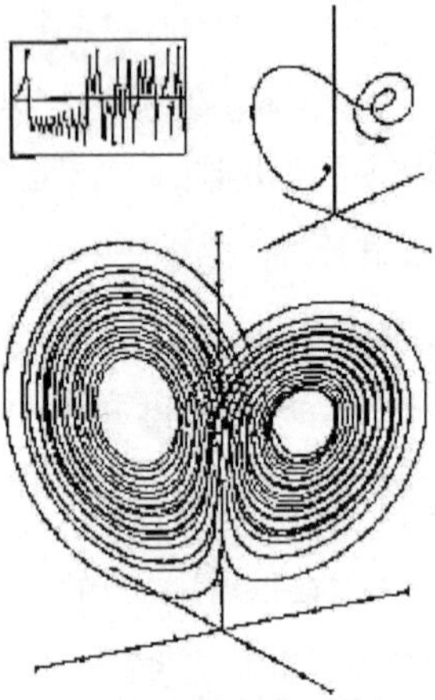

不同类型的吸子,用不同的名称进行表示,比如说"奇异吸子"。但对我们的研究来说,最重要的一点就是:一些模式是非常有用的,而另一些则用处不大。有一个临界点可以对这两种类型加以区分。

① 詹姆斯·格雷克所著的《混沌:开创新科学》一书中,以及在约翰·布里格斯和F. 大卫·皮特所著的《混沌魔镜》中,都已经对混沌理论的本质做了详尽的阐述。

优先场

优先场是由高等能量模式对其他弱势的能量模式的影响显现出来的。这种情形，就像一个小的磁场在一个巨大电磁场中一样。宇宙现象学就是具有不同能量的无穷无尽的吸子模式之间相互作用的表现。

临界点分析法

传统牛顿物理学中的因果关系这一概念，摒弃了所有"非确定性的"数据，因为它们并不适合牛顿物理学的模式。随着爱因斯坦、海森堡、贝尔、玻尔和其他一些伟大的创新者的发现，我们对宇宙的认知水平得到了飞速提高。高等理论物理证实，宇宙中的万事万物都存在着某种微妙的联系。

传统牛顿物理学认为宇宙是四维的，并将这一四维宇宙比作一个三维空间的巨大的钟表装置，显示了时间是线性的。我们观察一个很简单的钟表装置也能发现，一些齿轮很笨重，走得慢，而另一些就走得很快。小小的平衡装置，则作为逃逸机制，前后来回摇摆。在那些运动着的大齿轮上施加压力，可能并不能影响机制的运转；而在某部分却存在着一个精妙的平衡机制，只要稍一触碰，整个装置的运动就会停止。在某个点上，只要施加些微的外力就能产生最大的影响，这个点被称作"临界点"。

因果关系

在这个可观察到的世界上，因果关系通常是被习惯性地推测为以 A→B→C 的顺序发展的。

这被称作线性的确定性顺序，就像台球依次撞击另一个球一样。这一推测就是 A 引发了 B，B 又引发了 C。

然而，据我们的研究显示，因果关系其实是以一种截然不同的方式运转的，即：

从这一模式，我们可以看出，ABC 这三个因子（它们是不可见的），引发了 A→B→C 这一事件。这一现象，是三维世界中随处可见的。我们这个世界试图解决的所有典型问题，都存在于 A→B→C 这一可见的基础上。但是，我们的工作却是要找出 A→B→C 这一序列得以产生的内在吸子模式。

（这其中，ABC 为吸子模式，中间过程为自发反应，A→B→C 为可观测到的事件。）

由上图所示的简单模式可以看出，这些起作用的因素超越了可见的和不可见的两种模式；我们可以将其设想为一条彩虹，沟通了两个确定的和不确定的领域。（其实，通过这样一个问题，就可以推断出这些起作用的因素的存在，即“是什么包含了可能的和不可能的，已知和未知”。也就是说，所有可能性的实质是什么？）

关于宇宙运行方式的这一描述，与物理学家大卫·玻姆①的理论是一致的，他提出了隐缠（封闭）序与显析（拓展）序理论这一多维宇宙观②。但最为重要的是，我们看到，这一科学观念与

---

① 美国著名量子力学物理学家，奥本海默的弟子、爱因斯坦的同事。

② 玻姆的宇宙观，在 1982 年威尔柏所编辑的、对玻姆的一篇访谈《多维模型理论》中已经阐述得很清楚了。

许多历史上的古先贤对现实世界的认识是一致的；他们这一观念是由意识之外发展而来，进化到了纯粹意识。[①] 玻姆提出了“源”这一概念，并假设其存在于隐缠序与显析序领域之外，这一点与古先贤描述的纯粹意识这一状态很相像。[②]

人工智能超级计算机的出现，实现了非线性动力学的理论能经由神经生理学模型，从而应用于人脑功能方面的研究。尤其是借助在吸子网络中的神经模型，能够对记忆的功能加以研究和识别。当下的研究成果认为，大脑的神经网络好像一个吸子模式系统，贮存于其中的记忆就像是吸子。因此，尽管单个的神经细胞是以一种无序、随意的方式存在的，但整个大脑神经系统却是运转有序。

意识的神经元模型揭示了被称作“约束满足系统”的一类神经网络。在这些系统中，互相连接的神经单元网络在一系列范围内运行，从而建立了吸子模式，这些吸子模式中的一部分，现已被认可并被视为符合精神病理学。这种模式使得行为与生理学相关，并且与我们人体运动学肌肉测试的结果类似，证明了身心之间的关联。

根据混沌理论，下面将要提到的临床研究被称为“相空间”，它涵盖了人类意识演进的所有范围。在这一范围内，大多数的功率增加的吸子模式都被提及了。这些模式代表了能量

---

① 纯粹意识状态，在威尔伯的意识谱系中，是六个层次。在本书的参考文献所列的英译本中，已经由马哈希、黄檗禅师和尼萨伽·达塔做了详尽的解释。

② 这已经被拉玛什·巴尔谢卡所证实。他曾为尼萨伽·达塔的英译本担任翻译多年，并达到了与之相同的思想境界。这一点，在1987年进行的访谈中，以及在参考文献中所列举一系列书中，都有所展示。

场,这些能量场是意识本身的特性,而不是任何特殊个体的特性。正如长时期以来人们所说的那样,这些能量场与主试者和被试者没有关系。

意识的演进和人类社会的发展,能用非线性动力学这一数学术语勾勒出来。我们的研究,涉及了一套有限的意识参数,我们把它从1标记到1000。这些数值代表了各个领域的能量的对数值(以10为底数)。整个能量场或者是意识本身的空间是相对有限的,并趋近于无限。1到600的这个范围,表示了人类绝大部分的心理体验,是这一研究的主要范围;从600到1000的这个范围,则是代表了人类心理意识非同寻常的演进,诸如启蒙、先哲和最高的精神境界,也将被加以描述。

在所有的研究领域中,出现了序列模式,它是用来识别吸子场的能量演进的。这些吸子场的能量演进只有局部变动,而无全局变化。奇异吸子的能量可高可低,我们数据中出现的临界点也是在200这一数值左右。低于这一数值的吸子,就是弱的,或者说是消极的;高于这一数值的,就是有力的、积极的。如果我们的数值能达到600,那么这一数值的吸子就是非常强大的。

混沌理论中一个非常重要的、有助于我们理解人类意识演进的概念是"对初始条件的敏感依赖性"。它指的是在时间进程中一个轻微的变动,都能引起一个深远的变化。[1] 就像一艘轮船,它的方位哪怕只是偏离指南针一度,最终都会导致与航线相差数百里之遥。这一现象,是所有演进的一个重要机制,也是位

① 这一现象被称为"迭代",是1960年,爱德华·洛伦兹在用计算机分析历史天气数据时得出的。

于创造过程潜力背后的一个重要机制。

总的来说，自古以来我们就看到，人类试图解读自身行为的复杂性和未知性。人们建立了各式各样的系统，试图解释那些不可解释的。通常来说，“有意义”指的是那些可以定义的线性术语，即逻辑的和理性的。但是生命本身的过程，及其心理体验都是系统的，也就是说，是非线性的。这就是人类无可逃避的智力挫折的原因。

然而，在本项研究中，测试反应与我们这些被试者的信仰体系或者智力水平无关。有关系的只是能量场的模式，这是意识本身包括的方面，而与个体的身份无涉。用左右脑这一理论来说，我们可以宣称，所有的被试者对于吸子场的反应都是一致的，与他们左脑的逻辑、理性和顺序思维体系之间的个体差异无关。这一研究结果表明，人类行为背后存在着一个强有力的组织模式。

这样我们凭直觉感知到，意识本身存在着无穷无尽的潜力，在其中存在一个异常强大的吸子场，正是它组织了人类的一切行为，才使得人成为“人”。在巨大的吸子场之中，还存在着一些能量和功率稍弱的场。反过来，这些场决定了人类的行为，这就是为何在人类历史上，不管何时，也不管何种文化背景下，一些可见的模式都是一致的。吸子场内的这些差别之间的交互作用，组成了人类的文明史和人类历史。（据一项报告称，动、植物世界也都是由不同能量等级的吸子场控制的。）

我们的研究，同谢尔德雷克的“形态发生场”假说，以及卡尔·普里布拉姆的脑心功能多维模型的结果是一致的。[①]（注意：在这个多维的宇宙中，每一个个体的成就，都会对整个人类的进步产生影响。）

我们的研究，还与1963年诺贝尔医学奖得主、英国著名医学家约翰·艾克里爵士的研究相契合。他提出，大脑就像一个接收器一样，能够接受来自心灵的能量模式，这就是以思想的形式表现出来的意识。[②] 只不过是受到虚荣心的驱使，才会将思想当成是"我的"。但是那些天才们，却常将认识的巨大飞跃归因于所有意识的基础，也就是我们通常所谓的神性。

---

① 大卫·玻姆、卡尔·普里布拉姆、鲁伯特·谢尔德雷克以及伊利亚·普利高津等几位科学家的著作之间的相互关联，已经在1979年第四卷的《脑心公报》上有所论述。

② 诺贝尔奖得主约翰·艾克里爵士声称，意识的能量能够刺激大脑的反应。他是于1976年在荷兰乌得勒支市召开的心灵学协会大会发言上表达的这一观点。

第二章　历史和方法论

本书基于一项长达20多年的研究成果,涉及数以百万计的被试者的标度值。他们来自各行各业,年龄跨度大,性格各异。根据试验设计,这项研究应该在临床上进行,因而具有广泛的实际应用意义。由于测试方法已经在各式各样的人类表情和表达方式中证实是有效的,因而这些标度值被广泛地成功应用于文学、建筑、艺术、科学、世界事件以及人类关系的复杂状况。数据测定的测试空间,是有史以来人类所有经验的集合。

被试者的精神状况,从普遍认为的正常,到罹患严重精神疾病的病人都有。测试在加拿大、美国和整个南美洲、北欧进行。他们种族各异,社会背景不同,有着不同的宗教信仰,年龄跨度从孩童到耄耋之年的老人。这些被试者,他们各自的身体状况和精神状态,也都迥然相异。先是多个主试者分别对被试者进行个体测试,然后又由多个主试者分组,对其进行分批测试。但是,无论怎样进行测试,测试结果无一例外,全都是一样的,而且是可重复的。这就满足了科学方法的一个根本要求:完全具有可重复性。

被试者都是随机选择之后,在各种各样的性状和行为背景下进行测试的：高山之巅、大海沙滩和节日派对，还有的选择在了日常工作的过程中。被试者有时候心情愉悦，有时候则黯然神伤。所有这些情境，都没有对测试结果产生任何影响。不管外界条件如何，测试结果都是高度一致的，但测试程序这一方法本身却是个例外。这一因素太重要了，所以下面要对这一测试程序进行详细说明。

历史背景

1971 年，三位理疗师发表了关于肌肉测试的一部权威著作。密歇根州底特律市的乔治·古德哈特，在他的临床实践中，广泛研究了肌肉测试的方法，有了一个惊人的发现。他注意到，每块肌肉的力量，强壮也好，无力也好，都与一个特定的、相应的人体器官的健康或者病理状况有关。通过进一步研究他还发现，每一块单独的肌肉，都与一个特定的针灸经络有关。他将自己的发现，同菲利克斯·曼医生关于论述针灸经络在医学领域一部重要性的著作联系了起来。

到 1976 年，古德哈特论述应用人体运动学的著作已经出版发行了 12 版。他开始向同事讲授这一学科的技法，并且开始每月出版研究磁带。他的著作被大家广为学习，才有了后来的人体机能学国际学院的成立。这里的很多成员，同时也是预防医学学会的成员。有关这一领域的发展盛况，大卫·瓦格纳（David Walther）在其 1976 年出版的应用人体运动学这一著名著作中，进行了详细的描述。

起初，人体运动学领域最为惊人的发现是：有害的外界刺激会瞬间导致肌肉变得软弱无力。举例来说，如果把糖放在患有低血糖的病人舌头上，那么在肌肉测试中，他的三角肌（这也是一个常用的指示肌）就会立刻变得软弱无力。相应地，如果换成治疗用的物质，那么肌肉会随即变得有力量。

任何肌肉的无力，都表明了与其相应的器官的病理过程；再辅之以针灸、体格检查和实验室检查，因此这是在检测疾病时非常实用的一种方法。成千上万的医生开始采用这种方法诊病，临床数据很快增多。这意味着，人体机能学已经成为一个重要的、可信赖的诊断技术，能够精确地显示病人对治疗疗效的反应。

尽管这一方法从未得到过医学界主流权威的承认，但在许多学科的专业人员中得到了广泛的推广，尤其在注重整体治疗的医生中广为应用。其中就有精神病学家约翰·戴蒙得博士，他开始用人体机能学的方法来诊断和治疗患有精神疾病的病人。他将人体机能学这一应用的延伸称为“行为运动学”。

在其他的研究人员将这一方法运用到诊断变态反应（过敏症）、营养失调和药物治疗反应中的时候，戴蒙得博士则将其应用于各式各样的心理刺激的有益作用和副作用，比如艺术形式、音乐、面部表情、声音调制以及精神压力等。他是一个出色的教师，他的研讨课总是能吸引数千的专业人士赶来参加。这些人在返回自己的岗位时，通常带着崭新的认知和兴趣，继续探究这一方法的应用。

除了其普遍适用性，这项测试还具有快速、简洁、便于操作和高度准确性等特点。所有的研究人员都证实了这一结果的绝对可重复性。例如，人工甜味剂能使每位被试者感到无力，不管是放在舌头上，放在位于腹腔神经丛旁边的包裹中，还是隐匿在一个普通信封中，至于里面装的是什么，被试者和主试者都不得而知。

如果被试者是一个单纯的人,那么这个结果就更加令人印象深刻。许多医生在进行验证时,在编了号的普通信封里放上了各式各样的物质,请第二个同样单纯的被试者对第三个被试者进行测试。绝大多数的结论都是一致的,甚至在有意识的大脑没有察觉的情况下,身体都能够准确地做出反应。

这一测试结果的可靠性,让社会公众和病人(就这一点来说,很多医生也是这样)感到惊奇。举例来说吧,我在巡回演说的时候,其中一次有1000名听众在场。我将500个信封中放上人工甜味剂,在另500个相同的信封中放上维生素C,然后将它们传给这些听众。听众分为两组,一组500人,然后再进行对调测试。信封打开之后,观众的反应总是惊喜,因为他们看到,所有人在面对人工甜味剂的时候反应都是减弱的;而当他们接触维生素的时候,则会感到强壮有力。这一简单的实验,改变了这个国家成百上千个家庭的营养习惯。

20世纪70年代初期,在整个医疗界,尤其是精神医学界,虽说不至于明目张胆地敌对,也是对这一观念相当抵触。他们不相信健康和营养密切相关,更别说是跟精神状态和大脑功能了。我同诺贝尔化学奖和和平奖得主林纳斯·鲍林合著的《分子行为精神病学》,受到了广大读者的热切欢迎,但在医学研究机构中却反响平平。(有意思的是,20年后,书中提到的这一理念却成为了当今治疗精神疾病的基本原理。)

该书的核心观点在于,严重的精神疾病像精神错乱,同轻一些的病症像情绪失常一样,都与大脑内部的一条生化途径的不正常状态有关。这是先天性遗传的,还与分子水平有关,这是可以治疗的。据此，躁狂抑郁症、精神分裂症、酗酒、抑郁症等，都可以通过营养和药物治疗得到改善。1973 年，该书出版的时候，精神分析机构仍然注重心理分析，它只受到了整体医学界的关注。它所提出的方法和结论，通常能够从运动机能学中得到证实。

不过，身体在面对不良的情绪和精神压力时会瞬间变得软弱，这是戴蒙得博士对世人进行的启示，迄今为止对临床都有着深远的意义。他改进了肌肉测试的方法，这一方法为许多从业者采用，也在长达 15 年的时间里为本研究所用。不管是从业者、研究人员，还是本书作者都普遍同意这一观点，那就是：测试反应结果全然不受被试者的信仰体系、思想观点或者逻辑和理性影响。大家还注意到，在测试结果中，如果被试者感到无力，那这一过程还伴随着大脑半球的去同步作用。

测试方法

测试需要两人参与。一个人扮演被试者，伸出一只手臂，伸直与地面平行。第二个人则用两只手指压在对方伸出来的手臂上，放在手腕处，并且说："坚持住。"此时的被试者，应当用尽全身的力气来抵抗来自对方向下压的力道。整个过程就是这样。

任何一方都可以做一个陈述。被试者要将这句话记在脑中，与此同时，其手臂的反抗力度会通过对之施以向下的压力测试得出。如果那句陈述是消极的或者是错误的，或者反应刻度低于 200（参阅本书第三章，意识的示意图），被试者就感到无力了；如果答案是肯定的，或者刻度高于 200，那么就是强壮的。

为了展示这一情形，需要让被试者在测试中，脑海中浮现出亚伯拉罕·林肯的形象;反之,还需要再浮现一次阿道夫·希特勒的形象。或者说,可以在脑海中想着你爱的人的形象;与此相反,还可以再一次想象一下那些你憎恨的、厌恶的或者令你悔恨交加的人的形象,都可以达到这个效果。

一旦得出数值刻度(如下),就可以通过提问得出标度值:"这一术语(这本书、组织、此人的动机等)"是"高于100",然后"高于200",然后"高于300",直到得到一个负面反应。这一标度还可以更精确一些——"高于220? 225? 230?"等。主试者和被试者可以交换位置,然后可以得出同样结果。一旦一个人熟悉了这一方法,就能够将其用于检验公司、动机、个人、历史事件,或者用于诊断当前生命中的问题。

读者会注意到,测试的程序,就是通过肌肉来验证一句陈述的正确与否。如果问题不是以这种方式提问的,那么得到的反应也是不可信的。

在测试过程中,一定不要掺杂个人感情,以免流露出积极或消极的情感。被试者如果闭着眼睛,那么测试的准确性会增加。同时也不能有背景音乐。

鉴于测试简单得让人不敢相信,就有必要请每一位调查者都先验证一下其真实性,好让自己得到满意的答案。可以通过盘问检验身体的反应,并且那些熟悉测试方法的调查者可以想出让自己得到满意答案的方法。[①] 很快调查者就发现,所有被试

---

① 人体运动逻辑学试验得出的结果模式,通常会使得那些只具有严格的唯物主义经验的人吃惊。一位精神病学研究专家,就是这样一种人。他试图证明这一试验是个错误。但在失败以后他走开了,还说道:"即使这是真的,我也不相信。"

者都会产生相同的反应，而他们无需知道问题的任何相关背景知识，并且这些反应也和他们个人对问题的看法无关。

在演示询问的过程之前，先让我们来看一下这个陈述："我想问一下这个问题"，这一陈述对询问也是有帮助的。这与进入电脑终端机之前的必要询问是一样的，偶尔也会得到一个否定的回答。这就意味着要么将这一问题置之不理，要么就深入探究否定回答背后的原因。或许当时，提问者会对这一否定回答及其背后的隐含意义感到沮丧。[①]

在本项研究中，要求被试者集中精力回忆某个特殊的念头、感情、态度、记忆、人际关系或者生活境况。测试通常在一大群被试者中进行。为了便于展示，我们设定了一条底线，要求被试者闭上双眼，回忆他们以往某个愤怒、心烦、嫉妒、沮丧、内疚或者恐惧的时刻。在回忆起这些的时候，无一例外，他们的测试值都是弱的。然后，又要求他们再回想一个心爱的人或场景，所有人的测试结果又很强。当答案揭晓，他们明白了测试背后的隐含意义之后，通常人群中会发出低声惊叹。

下一个要展示的现象是，要求被试者在头脑中想象一个具体的实物，测试结果也是一样的，就好像他们亲身感受了那件实物一样。举例来说，在测试过程中，我们举着一个喷农药长大的苹果，要求被试者直视它，所有人都变得无力；然后再举起一个无污染的有机苹果，在被试者注视着它的时候，他们会即刻变得有力。鉴于被试者中没有人能分清楚这两个苹果，并且也没有

---

① 这些方法都是在位于亚利桑那州塞多纳市的高级理论研究所中，每周都进行试验，经过数年才得出的。

人知道这项实验的目的,这一方法就足以被大家采信。

大家应该知道,个体处理经验是有差异的,有人主要是情感型的,另一些人主要是相信自己的耳朵,还有另外一些人,主要依赖于眼睛。所以,提问的时候应该避免“你觉得某某人/情况/经验怎么样”,“这个看起来怎样”或者“这个听起来怎样”等措辞。通常,提问者说“想着某种情境/人/地点/事情/感情”,被试者就会本能地选取自己最熟悉的思维模式。

偶尔被试者也会尽量或者下意识地去掩饰自己的真实反应,这时他们通常会选取自己不常用的思维模式,给出一个错误的反应。如果被试者产生了上述反应,那么就应该改变一下提问方式,重新来过。比如,一个病人因为对母亲发火而感到内疚,他在脑海中回想母亲的一张照片,测试就会显示他是强壮的。然而,如果测试者重新提问,要求被试者想着他对母亲现在的态度,他就会立即变得无力。

另外一些确保测试结果精准的措施包括摘下被试者的眼镜(尤其是金属框架的眼镜)和帽子(化纤帽子会让所有人感到无力)。被试者胳膊上也不能佩戴任何珠宝,尤其是石英腕表。一旦出现了不正常的测试结果,就要进行深入的调查,分析究竟是什么原因造成的。比如说,主试者可能涂了某种香水,恰巧能引起被试者的强烈反应,因此导致表现出了错误的信息。如果一个主试者再三得不到被试者的准确反应,那么就要对他对被试者进行测试时的嗓音进行评估。在某些时刻,一些测试者的嗓音可能会流露出负面的情绪,这足以影响测试结果。

如果测试结果似是而非,那么一个需要考虑的因素就是与回忆或者形象关联的时间段。如果一个被试者想着某个人和他们之间的关系，他所产生的反应就有赖于这一回忆或者事件发生的时间段。如果他记起的是小时候和兄弟之间的关系，那就与他思考两人现在的关系所产生的反应不同。通常，提问的时候一定要仔细地对问题进行细化。

另一个导致测试结果似是而非的原因是被试者的身体状态，比如精神压力过大，或者遭遇了非常强的负面的能量场，导致了胸腺功能失常，心情沮丧。胸腺是控制人体经络能量运行系统的中枢，如果它的能量过低，测试结果将无法预料。不过，约翰·戴蒙得博士发明了一种简单易行的方法，他称之为“胸腺捶击法”，这一方法在几秒钟之内就可以轻易弥补这一不足。胸腺就位于胸骨后面。握紧拳头捶打该部位几次，同时微笑着想念某个你热爱的人。每捶打一次，嘴里还要说“哈、哈、哈”。捶打几次之后再进行测试，就会发现胸腺功能又恢复如常，测试结果也重新趋于正常。

本研究中采取的测试步骤

在戴蒙得博士所著的《行为运动学》一书中，曾介绍了上述测试方法。惟一与之不同的一点是，本项研究中采取的方法，是用对数标度（logarithmic scale）来衡量不同的态度、思想、情绪、情境和关系所产生的不同能量。因为实验耗时短，还不到十秒钟，所以在如此短暂的时间里处理如此庞大的信息量才成为可能。

由被试者的反应瞬时产生的数值标度，从表示基本生存状态的 1 到 600 这一正常意识的峰值，一直到 1000，启蒙的最高级，即开悟境界。仅仅是一个简单的是/否的答案，就能得出被试者的标准值。例如,“如果活着的值为1的话,爱情的力量是200?”(此时被试者可能感到强壮,意味着是)“300”(被试者仍然反应强烈)“400”(被试者仍然强壮)“500及以上”(依然如是)在这一实验中,爱情的标度值高于500,并且不管经过多少次重复测试,仍然能够得出相同的数值。经过个体对个体/成群的测试者对成群的被试者进行的反复测试,其结果都与人类经验、历史和普遍观点甚为契合,并且也与心理学、社会学、精神分析学、哲学和医学的研究发现一致。这一结果也与长青哲学对意识的分级高度一致。①

测试者须注意,要意识到某些问题可能会使被试者感到相当不安。测试者须恪尽职责,要尊重被试者的意愿,看其是否愿意参与测试;不能对被试者进行挑衅性的问询。在临床中,若非治疗需要是不能向被试者询问私人问题的。但是,就测试主题而言,如果排除了个人牵连进行提问,也是可以作为衡量的指标。

测试反应与被试者的身体状况无关。通常让人目瞪口呆的是,即便是那些肌肉发达的运动员,在面对有害刺激的时候,也会像其他人一样变得无力。测试者可能只是一位身体纤弱、体重不足100磅的女性,被试者可能是一位体重200多磅的男性专业足球运动员,但是测试结果依然如是,她只需两根手指就能使他那强有力的胳膊跌落下来。

---

① 长青哲学是从所有的宗教的精神真理中抽象出来的,反映了意识从无生命的物质到原生质再发展到动物生命、有情感的响应、能够思考、抽象思维、原型意识、圣洁的爱和福祉、非二元性(圣人),直至最后发展到终极纯粹意识。正如肯德尔·威尔伯指出的那样,这些层次无所不在。任何现实的理论都必须理解这些公理的存在。

第三章　测试结果和解析

本项研究的目的之一，就是生成一幅意识能量场的示意图，它能够详细地描绘出人类探索的未知领域的范围及概况。为了便于读者理解，我们为不同的能量场编排了一些数字符号，方便进行比较。

意识示意图如下所示。很显然，对数值的标准与具体的意识过程有关：情绪、观点或者态度、世界观以及精神信仰，等等。如果空间允许，这张表还可以无限延伸下去，直至将人类所有行为囊括殆尽。这项研究结果是相互印证的，调查越详细、越深入，就越能得到印证。

意识示意图					
神学观	人生观	层级	对数值	情绪	过程
本我	存在	开悟	700—1000	不可言喻	纯粹意识
全人类	完美	宁静	600	幸福	启发
惟一	完整	喜悦	540	宁静	理想化
忠诚	善良	仁爱	500	崇敬	心灵启示
智慧	意义	理性	400	理解	抽象
仁慈	和谐	接纳	350	宽恕	超然有在
灵感	希望	乐意	310	乐观	意图
授权	满足	中性	250	信任	放松
包容	可行	勇气	200	肯定	激励

续表

神学观	人生观	层级	对数值	情绪	过程
淡漠	苛刻	骄傲	175	轻蔑	自负
复仇	敌对	愤怒	150	憎恨	挑衅
拒绝	失望	欲望	125	渴望	奴性
制裁	可怕	恐惧	100	焦虑	退缩
轻视	不幸	忧伤	75	悔恨	悲观
谴责	无望	冷漠	50	绝望	放弃
报复	邪恶	内疚	30	责备	毁灭
蔑视	悲惨	羞耻	20	耻辱	消逝

在这些刻度中,关键点是200,与“勇气”相对应。所有的态度、思想、感情和意识与潜意识的观念联系,但凡在这个刻度之下的,都会让人感到软弱。在这个刻度之上的态度、思想、感情、个体或者历史人物,都会让被试者觉得强壮。这是在正面影响和负面影响之间的强、弱吸子的平衡点。

在刻度200之下,主要推动力是“生存”,位于刻度底层的状态“忧伤无助”和“意志消沉”,却连这点动力都没有。位于更高层级的“恐惧”与“气愤”,共同特点都是以自我为中心,易冲动,其行为动机都是为了自身生存。在“骄傲”这一水平上,生存动力从其自身扩大到其他人的生存。一旦某人的境界越过了消极和积极的界限,进入到“勇气”水平,他人的福祉对他来说就会变得越发重要。在500这一级,他人的幸福成为一个人奋斗的主要动力。在高于500的水平上,他人及自身的精神觉醒是它们共同的特点。到了600及600以上,人类的福祉和终极意义的追寻则成为首要目标。从700到1000,他们已经献身于人类精神救赎的伟大事业。

讨论

仔细思考一下这幅示意图，它如此众多的表达，引发出一个人对于生命的感怀。如果我们只是泛泛地查看一下那些不那么"高尚"的态度，我们就会意识到他们既不好也不坏。比如说，我们看到一个人处于"忧伤"之中，他的能量值是75。如果这时候他能"愠怒"，此时他的能量值是150，那状态就更好一点了。其实"愠怒"本身是一种破坏性的情绪，仍然处于意识层级的低端。但是，正如社会历史向我们展示的那样，"淡漠"能够禁锢整个的亚文化群和个体。如果无助的人们产生了某种需求（即欲望，分值125），进而用分值为150的"愠怒"产生的能量去攀升到175，即骄傲，他们就很可能进而上升到"勇气"，这时候分值为200，那么他们就能够提升个体的素质，或者改进整体的状况。

与此相反，如果一个人能够到达了无条件"爱人"的境界，他就会觉得没有什么是不可以接受的。随着一个人个体意识状态的提升，这一过程就能自我延续和自我修正，因而自我发展就会成为其生活方式。这一情形经常在十二步疗法互助小组发生，他们为了克服自怜和偏执的负面情绪聚在一起治疗。但是位于意识层级底端的人们，却会认为这种情绪非但不负面，还能有效地保护自己。

纵观历史，世界上所有的精神戒律都要求信徒超越这些负面的情绪，并提供了训练方法。很多戒律都意味着，甚至明确指出，这一修行将是一件艰苦卓绝的任务。要想获得成功，必须要有导师，至少也要有教谕进行专门的指导，对修行者进行鼓励，否则他们可能会因为能力不足又缺乏指点而灰心丧气。希望我们提供的示意图能为实现这一人类行为的终极目标提供方便。

从认识论的角度来说,这一认识模式的影响是模糊难辨的,但是却影响深远。这一发现带来的启示,在体育竞技、医学、精神病学、心理学、人际关系甚至追求人类幸福安宁方面能够得到实际应用。比如,专注思考一下这张意识图就可以改变人们对因果规律的理解。既然人类看世界的视角随着意识层级的提高而提高,那么很显然,普遍认为的原因应该是结果。如果一个观察者学会了为自身视角产生的后果负责,他就能超越这一观念,而不再觉得自己是个受害者。他知道“没有什么比你强大”。不是那些生活中发生的事件对我们的生活产生了积极还是消极的影响,而是取决于我们自身——我们认为它是机遇还是压力,取决于我们以一种什么样的态度来面对它。

心理压力就是一种你特别想去抵御,或者逃避某种状况产生的实际后果,但是这种状况本身并不具有任何力量。没有什么东西可以“产生”压力。让一个人血压升高的震耳欲聋的音乐,可能让另外一个人感到身心愉悦。如果一个人不想离婚,那么离婚对他/她来说就是一场灾难;但如果一个人渴望摆脱这场婚姻,那离婚对他/她来说就意味着重归自由。

意识示意图让人们对于历史进程有了新的认识。本项研究的最主要的成果就在于在负面能量和真正的能量之间。我们可以截取一段历史,比如说以英国在印度殖民统治的终结为例。如果我们在刻度表上衡量当时的大英帝国,那个时期充满了自私自利和剥削压榨,我们看到标度值在关键点 200 以下。圣雄甘地的动机,刻度值为 700,非常接近于普通人最高意识层级。甘地之所以领导人民取得了胜利,就在于他的能量处于非常高的层级。

我们还看到，人类历史上，在“处理”社会问题的时候，通常都会诉诸于法律活动、战争、市场调控、法律和禁令，这些都是负面能量的外在形式。但是问题却依然存在，禁而不止。尽管崇尚“负面能量”解决问题的政府和个人出发点较为目光短浅，但是对于那些敏感的观察者来说，他们却明白如果不深挖并“治疗”“负面能量”背后隐藏的病因，社会冲突终将无可避免。

“处理”和“治疗”之间的区别在于，对于前者，问题产生的前提是保持不变的。而对于后者，则不仅仅是症状的消除，还在于导致问题产生的原因得到了彻底清除。给高血压病人开降压药是一回事，让病人的生活视野开阔，不再轻易动怒和压抑又是另外一回事。

通过对意识示意图进行思考产生的共鸣，能够有望使得我们朝着“愉悦”之心更近一步。心生愉悦的关键在于对一切生命都保持无条件的仁爱之心，这一切生命，也包含了我们自身。这就是我们说的“慈悲”了。没有悲悯之情，人类一切努力均是空。从个体治疗我们还可以延伸至整个人类社会，除非一个病人能够激发自己内心的悲悯之情，否则他很难彻底痊愈。到那个时候，他就能从一个患者成为一个医者了。

第四章　人类意识的层级

经过多年的试验,此项研究得出了数以百万计的标度值。这些数值能够与公认的看法和情绪准确对应,集中在特定的吸子能量场,就像电磁场吸引铁屑将它们聚拢来一样。我们对能量场进行了如下归类,是为了使人便于理解,也为了临床上的精准应用。

有一点非常重要,必须要记住:这些标度值代表的并不是算术中的意义,而是对数数列。如此一来,300 这一层级,并不是 150 的两倍,而是 100 的 300 次方。即便数值只是提高了一点,但就能量而言却增强了很多;层级越往上,增长率越是惊人。

人类意识不同层级的表达方式是意味深远、深刻的,而且它们的整体效果奥妙无穷。低于 200 层级的情绪状态,对于个人和社会来说都是破坏性的;高于 200 的,则具有建设性的能量。200 这一标度值非常关键,以此为界,我们可以大致区分负面能量与能量两个领域。

要想描述意识能量场之间的情绪关联,就要记住,在独立个体身上,很少存在某种纯粹的意识状态。意识的状态都是相互交织的:一个人在人生某个阶段可能是一种情绪状态,在另一个阶段就是另外一种情绪状态了。一个个体总体的意识水平,就是这些不同水平的共同效果。

能量级 20:羞耻

"羞耻"这一级处境非常危险,已经近乎于死亡状态了。社会上有些死亡本是可以避免的。我们或多或少都会有过"丢脸"的经历,体验过那种名誉扫地,被人认为一无是处的痛苦。羞愧难当的时候,我们通常垂头丧气,郁郁寡欢,恨不得自己会隐身术。自古以来,羞耻的人常被驱逐。在人类早期的原始社会里,驱逐就意味着死亡。

早期的性侵害经历,通常会使被害人感到羞耻。如果不求助于专业心理治疗,这种经历会让人终生性格扭曲。正如弗洛伊德曾断言,羞耻还会使人患神经官能症。这对于人的精神和心理健康都是毁灭性的。同时由于极度自卑,还容易导致身体上的疾病。羞耻性人格是害羞、孤僻和内向的。

羞耻型人格的人,常会沦为残酷行为的工具,而他们这些受害者,也常会变得残忍。羞愧的儿童对动物非常残忍,同时他们之间也冷酷无情。意识层级仅为 20 的人的行为是非常危险的。他们很可能会产生妄想,喜欢非难别人,容易成为偏执狂和妄想狂;一些则成为精神病,或犯下耸人听闻的罪行。

另一些人则凡事不管不顾,尽量做到尽善尽美,因而变得极为迫切和褊狭。一个极端的、臭名昭著的例子就是一些极端的道德主义者成立了警惕组,将他们自身潜意识的羞耻感加诸他人,他们认为那些人应当受到攻击。连环杀手常自诩为性道德主义者,对他们所谓的"坏"女人进行审判。

羞耻感能够降低人格的总体水平，因而容易导致一些其他的负面情绪，也更容易滋生一些虚伪的自尊心、愤怒和内疚。

能量级 30：内疚

人类社会经常用内疚作为管理和惩罚手段。表现为懊悔、自责、受虐狂等，囊括了一系列受害者的感觉。潜意识的内疚，能引起人的身心疾病，易出事故，并且会导致自杀行为。很多人终其一生都在努力控制他们的内疚感，而另外一些人则拼命试图从道德水平上根本否认内疚感的存在。

能量级 50：冷漠

这一层级的状态特征是贫穷、绝望和无望。世界一片暗淡，前途愁云惨雾，生命的主题就是忧伤绝望。这是一种孤立无援的状态，处于其中的人，生活的方方面面都十分贫乏。他们缺乏的不仅是资源和财力，更缺乏获取本可以获取的能量。除非能得到关爱者提供的外来能量支持，否则可能最终导致被动自杀。他们缺乏生存下去的意志，目光呆滞，对刺激反应迟钝，直到眼里再也看不到其他，连别人奉送的食物都无力吞咽。

这就是无家可归者和流浪汉的意识层级。很多老人和长期患病、缠绵病榻的人也会遭遇这种命运。这些麻木的人要仰仗他人才能生存，被周围的人视为负担。

很多时候有可能觉得是浪费资源，我们的社会没有足够动力给这一群体或者身处其中的个体，提供真正意义上的帮助。那些加尔各答贫民窟的人们，也只有特蕾莎修女及其追随者敢于救济。他们丧失了希望，很少能有勇气面对现实。

能量级 75:忧伤

这一水平是忧伤、丧气和意志消沉。在人生的某个时期,我们大都体验过类似的感情,但是他们却一直沉浸在懊悔和沮丧之中,不能自拔。这就是哀悼、丧失亲人和对往事的追悔。对于处于这一水平的吸毒、酗酒以及长期赌博的人来说,失败早已是人生中的常态。他们经常会丢掉工作、失去朋友、家庭破裂、没有机会,同时也没有健康和财富可言。

如果在人生早期遭遇过重大损失,就会导致后来易于被动接受忧伤,因为他们以为伤心懊恼是生活的代价。在处于"忧伤"状态的人看来,伤心无处不在:子女尚幼,世事堪忧,人生无常。

尽管"忧伤"是生活的坟墓,它拥有的能量依然要大于"冷漠"。因而,如果一个受到心理创伤的、心理冷漠的病人开始哭泣,我们认为他的情形在好转。一旦他开始哭泣,他就会重新进食。

能量级 100:恐惧

这一层级,有许多可供使用的能量,对于危险事物的恐惧是健康的。这世上大多数事物都是为恐惧所驱使,提供无穷尽的动力。恐惧敌人,害怕年老和死亡,担心被抛弃以及一系列的心理恐慌,正是大多数人生命的根本动力。

在处于这一能量层级的人眼中,世界遍布陷阱与威胁,危机四伏。恐惧是受暴虐的极权主义机构青睐的工具,可以用来控制民众;在市场交易中,激发购买者的不安全感,则是那些操纵市场的巨商大鳄的拿手好戏。传媒和广告则针对大众的恐惧心理大肆宣传,以提高自己占领的市场份额。

恐惧想法,就像人类的想象一样,无边无涯、不断衍生。如果一个人太过恐惧,那么这个世界上有太多可以让他恐惧的事情了。过度恐惧可以是任何表现形式,比如害怕失去友谊而产生嫉妒心。一旦恐惧想法日益膨胀,人可能就会变成妄想狂或者偏执狂,或者产生一种病态的防御性人格。因为这种情绪极易传染,最终可能演变成一种主要的社会趋势和潮流。

恐惧限制了人格发展,最终会导致抑郁。因为上升到高一层级需要能量,所以受压迫的人如果没有外界的帮助,是难以实现的。因而,恐惧的人喜欢寻求强有力的领导者,他能够使他们克服恐惧,摆脱被奴役的状态。

能量级 125:欲望

这一水平有很多可供支配的能量。人类生活的大多数方面,包括经济,都是受到欲望驱使的。广告商就用欲望做文章,将广告与我们的本能性驱动力联系起来。为了满足自己的欲望,我们拼尽全力去实现目标、获取收益。对于一些超越了"恐惧"层级的人来说,追逐金钱、名望和权力,是他们生活的首要目标。

"欲望"也包含了上瘾行为。其中,欲望成为了一种迫切的需要,这种需要非常重要,甚至超过了生命本身。"欲望"的受害者们,可能都意识不到他们行为动机的基础。一些人沉溺于成为别人关注的焦点、喜欢把别人呼来喝去的感觉。渴望得到异性赞美,于是催生了化妆品和时装行业的产生。

“欲望”同聚敛和贪婪有关。但是欲壑难填，能量场是不断变化的，所以一个欲望满足了，又会被下一个欲望取而代之。就算成为千万富翁也还是想让自己的钱越来越多。

显而易见，较之“淡漠”和“忧伤”，“欲望”处在一个较高的层级上。为了“得到”某种东西，你首先得有能力去“需要”。电视节目对很多被压迫的人都产生了重大影响，它们向人灌输想法，激励他们产生欲望，能够帮助他们从“冷漠”的状态中摆脱出来，能够追求生活的改善。“需要”能将我们置身于一条通向成就的道路上。然而“欲望”却能给我们提供一条跳板，上升到认识的较高层次。

能量级 150：愤怒

虽然作为一种能量层级，“愤怒”可能会引起杀戮和战争，但它却比其他低层次的能量级要离死亡远得多。“愤怒”既能激发正面行为，也能激发负面的行为。一旦人们能够超越“冷漠”和“忧伤”，克服“恐惧”，他们就开始产生“需要”了；“欲望”能够产生挫败感，反过来也能导致“愤怒”。这样一来，“愤怒”就能成为一个临界点，在这一点，被压迫者就能最终一举获得自由。对于社会上的不公平、受害和不平等现象的愤怒，引发了意在变革社会结构的伟大革命。

但是，通常“愤怒”是以愤恨和报复的面目出现的，因此反复无常、性质危险。易于被激怒的人对于小事过于敏感，变成了“不公平现象收集者”，喜欢吵架、好斗、好打官司。“愤怒”作为一种生活方式，这些现象可以作为例证。

既然“愤怒”起源于需要得不到满足，它就是基于低级的能量场。挫折感源自于夸大了欲望的重要性。生气的人,就像受委屈的孩子一样,可能会大发雷霆。“愤怒”很容易就变成憎恨,它会侵蚀个人生活的方方面面。

能量级 175:骄傲

标度值为 175 的“骄傲”,都有足够的能量来领导美国海军陆战队了。这一层级,是当下我们人类中绝大多数都渴望获得的状态。与低能量级截然相反的是,到了这一层级,人们的状态是积极的。自尊程度的提升,对于底层级状态的痛苦体验,都是一种安慰。“骄傲”的状态很好,并且自己也知道这一点;在生命的行进中,昂首阔步、大显身手。

“骄傲”与“羞耻”、“内疚”和“恐惧”等状态相去甚远,就像从绝望的泥沼中一跃成为美国海军陆战队士兵(或军官)的“骄傲”状态。通常,这样一种状态享有一种良好的声誉,并且也被社会所鼓励。然而,如果我们用意识层级这一示意图对其进行重新观照,它有足够多的负面因素,因此标度值在 200 以下。这就是为什么“骄傲”只有在与低层级能量相比时才会感觉良好。

有一个问题我们都知道,那就是“骄兵必败”。“骄傲”是防御性的、易受伤害的,因为它有赖于外部条件,否则就会跌至低级水平。膨胀的自我容易招致攻击。“骄傲”非常无力,因为它可能会威严扫地,易于蒙羞,而就是这一潜在威胁,会使人产生失去骄傲的恐惧。

能量级 200:勇气

在 200 这一层级,首次出现了能量。如果我们测试所有能量级在200以下的人，我们就会发现他们的能量都很弱，而且这一点也很容易就能得到证明。在面对支撑生命的能量场的时候，每个人的反应都是积极的。这是将生命的积极影响和消极影响区分开来的分界线。在“勇气”这一层级，能够得到真正的能量；因此，这一水平也是能够赋予能量的水平。在这一领域，有探索，有成就，有坚毅，有决心。在其他低级水平，世界悲观绝望，令人恐怖沮丧；但是在这一水平，生活扣人心弦、充满挑战、令人鼓舞。

“勇气”意味着愿意去尝试新鲜事物，勇于面对生活的悲欢离合。在这一水平，个人变得富有能量，能够抓住并充分利用生活提供的机遇。举例来说，在200这一水平，人们能够有精力学习新的工作技能。成长和受教育成为可以实现的目标。他们有能力面对恐惧或者自身性格上的弱点，并依然能够继续成长。焦虑并不能削弱努力，虽然它在其他低级水平确实是这样。在低于200的水平，阻力能使人失败，而在这一首次真正获得能量的水平，阻力只会是他们前进的动力。

在这一层级，人们从这个世界汲取了多少能量，就回馈多少能量；而在比其低级的水平，不论是群体还是个人，都只是索取而没有回报。因为成就带来积极的回应，而自我奖励和尊重能够逐渐变得使自我增强。这就是生产力的开始。

人类集体意识在很多世纪都保持在190，令人惊奇的是，在20世纪最后10年，一跃成为现在的204。

能量级250：中性

到了我们称之为“中性”的这一层级，能量变得非常正面，因为它集中表现为位置性的解放,而这是比它低级的水平的特征。在250以下,意识习惯于用二分法看待事物,看问题观点刻板固执,而这是这个复杂、多样的世界(而不是黑白分明的)进步的一个障碍。

这样一种观点容易导致两极分化,而两极分化又反过来引起对立和分裂。就像在武术中,僵硬的姿势易受攻击,不能弯曲的地方,又会容易骨折。从障碍和对立中挣扎出来需要消耗能量,一个"中性"的立场更加灵活,评判客观,看问题客观实际。"中性"意味着相对来说对结果不太在意;即使不能随心所欲,也不再觉得是沮丧,将其视为可怕的挫折。

处于这一水平的人或许会说,"呃,即使我得不到这项工作,我还能找到其他的"。此时,自身的信心开始增长,当一个人感受了自身的能量,他就不再容易受人胁迫,感到恐惧。他不会被迫去赞扬任何事物。他们对于生活没有过高期望,生活本来就是有喜有悲、波折迭起,只要学会忍耐,大体上过得去就行:这就是能量级为250的人的生活态度。

"中性"的人有幸福感,其特点是充满信心。这一状态的人能让人产生安全感。这一层级的人易于相处,在他们身旁觉得安心,因为他们不在意和他人产生冲突、竞争和犯罪。他们内心舒适安宁,情绪稳定。他们的态度公正客观,也无意控制他人的行为。但是相应地,他们看重自由,所以不易受人控制。

能量级310:乐意

这种非常积极正面的能量状态,可以被视为通向更高层级能量的成功之路。例如,在"中性"水平,工作可能会做得非常漂亮,并且在各项工作中，成功都随处可见。在这一层级，成长非常迅速；这些人注定是要成功的。“乐意”意味着个人要克服内心对生活的抵触情绪，并乐在其中。在标度值 200 以下的人，常常思想保守，但是在 310 这一层级，思想就开放得多了。这一层级的人待人真诚友善，地位和财富也就自然随之而来了。他们不会为失业而焦虑不安，一旦有必要他们可以做任何工作，或者开创一番属于自己的事业。他们不觉得从事服务业低人一等，也不觉得从底层干起有损面子。他们乐于助人，能为社会利益作贡献。他们乐于面对自己内在的事情，没有学习上的巨大障碍。

在这一水平，自尊程度很高，以认同、欣赏和回报等形式出现的社会的积极反馈，又使其得到增强。“乐意”的人富于同情心，对他人的需求反应迅速。他们是社会的缔造者和贡献者。他们能够迅速从逆境中奋起，从中汲取经验教训，并且能进行自我修正。由于超越了“骄傲”这一水平，他们乐于正视自身的缺点，能向别人学习。在这一水平的人，能成为非常优秀的学生。他们非常易于培训，代表了社会能量的相当一部分源泉。

能量级 350：接纳

在这一认识水平，意识发生了巨大的转变。自己才是自身生命体验的创造者和源泉。这种责任感，正是意识发展进化的显著特点，它能够同生命力保持一致、和谐共存。

低于 200 这一水平的所有人，内心缺乏能量，认为自己是受害者，任凭命运摆布。原因就在于他们相信，个人的幸福的源头，或者问题的原因，都来源于“外界”。在这一水平，由于恢复了自身内在的能量，相信个人的幸福需要内求，因此在认识上向前跨了一大步。在这一更高级的水平,“外界”没有任何东西能够使人感到幸福,爱情也不是别人给予或者能够剥夺的一种东西,而是由内而外,从内心散发出来的。

“接纳”并不等同于被动接受,后者是冷漠的一个症状。被动接受只是为了生活而生活,而不意味着设计自己的生活,使之符合某种规范。由于超越了否认这一阶段,“接纳”这种状态情绪平静,视野宽广。这一水平的人对事情少有曲解和误解,由于经历丰富,他们能够“窥见事情的全貌”。“接纳”主要是同平衡、比例和适当有关。

在这一水平,个体不再为谁对谁错斤斤计较,相反地,他致力于解决问题,找出办法。棘手的工作不再让他们感到不适应和沮丧。长期目标优先于短期目标,自律和技巧是最重要的。

在这一水平,我们不再相互冲突,互相对立。我们看到,其他人同我们一样,有相同的权利,我们尊重平等。其他水平的特点是僵硬和教条,在这一水平,社会的多元化开始出现,这是一种解决问题的办法。因此,这一水平没有歧视,对人宽容。他们意识到,平等与多样性并不矛盾;“接纳”与其说是排斥对立,不如说是兼容并包。

能量级400:理性

这一层级克服低层级的情感型的缺陷,智慧和理性占了上风。“理性”能够处理复杂庞大的数据,快速做出正确决策,理解盘根错节的关系,分得清细微的差别。它还能对抽象概念所代表的象征进行专业的处理。科学、医学和人类日益增长的想象力和理解力都位于这一范畴。在这一层级,知识和教育被视作资本。要想取得成就——这也是这一能量级的标志——不可或缺的主要工具就是理解力和信息。诺贝尔奖得主、伟大的政治家和最高法院大法官们也是属于这一层级。爱因斯坦、弗洛伊德以及其他思想史上的伟大历史人物的标度值也都在此标度值附近。

这一层级的缺点是,他们往往不能清楚地将象征与其代表的事物分开来。而这种对主客观世界的混淆,就限制了对因果规律的理解。在这一层级很容易犯“只见树木,不见森林”的错误,他们执著于概念和理论,却与本质失之交臂,可能最终止步于智力教育。“理性”之所以有其局限,原因在于它缺乏对事物的本质进行甄别的能力,也无法洞察复杂事物的临界点。

“理性”本身并不能引领我们通向真理之路。它只能提供浩如烟海的信息和文献,但是对于数据和结论之间的分歧与出入,却无力解决。所有的哲学观点,独立地听起来,都是令人信服的。令人啼笑皆非的是,尽管“理性”在一个逻辑大行其道、注重技术的世界卓有成效,它却成了上升到意识更高层级的最大障碍。在我们这个社会中,还很少有人能超越这一层级。

能量级500:仁爱

我们这里讲的,和大众传媒所描述的爱相去甚远。通常俗世所讲的爱,只不过是一种融合了身体的吸引、占有欲、控制欲、迷恋、色情和新奇的强烈情感而已。它们常是转瞬即逝、起伏不定,随着外界情况的变化时增时减。一旦情感受挫,平时深藏的愤怒和伪装的依恋就会显现出来。因爱生恨,这一点已成为共识。那么,我们平时所讲的爱,很可能只不过是一种执著的情感罢了,而不是爱。恨意缘起于骄傲,而非爱,在因爱而恨的关系中,或许从来也没有真正的爱意。

500 层级“仁爱”的特点是无条件的、一成不变的和恒定如一的。它之所以不会起伏不定,是因为在仁爱的人心中,他们的爱从不仰仗于外在条件。“仁爱”是生存的状态。他们与世界联通的方式,是宽恕、滋养和助人。“仁爱”不是智力性的,也不是思维推理的产物,它是从心里自然流露出来的。因其目的纯粹,所以能够提升别人的生存状态,成就非凡伟业。

在这一水平上,提升甄别事物本质的能力是最主要的,事件的核心是关注的焦点。既然超越了“理性”这一状态,对事件的全部真相及其延伸意义(尤其是时间和空间)的顿悟就成为可能。“理性”仅仅关注细枝末节,而“仁爱”关心整体。这种能力,通常被归结于觉悟,是一种无需诉诸于顺序出现的符号分析,而能产生顿悟的能力。这种看似非常抽象的现象,实际上却是非常具象的;与此同时,大脑内会分泌大量内啡肽。

“仁爱”本无立场,因而是无国界的,它超越了位置性的划分。因此再也没有任何障碍,所以“彼此”包容成为可能。“仁爱”具有包容性,将自我意识逐渐延伸。“仁爱”所有表达和关注的都是生命的美好。通过重新还原事物的脉络,而不是进行抨击攻讦,它能将负面性消弭于无形。

这才是幸福的真谛。但是尽管世界充满爱这一主题,所有的正教标度值都在能量级 500 及以上。有意思的是,世界上只有 0.4% 的人能到达这一意识境界。

能量级 540：喜悦

既然“仁爱”越来越无条件，就可以感受到内心的“喜悦”了。这不是由一件喜事带来的突如其来的欢喜，而是在所有活动中都持久存在的。“喜悦”与外界环境无关，它只关乎当下的存在。能量级 540 是医疗和精神性的自助小组的状态。

从 540 往上，是圣人、精神治疗师和学业精进的神学学生的境界。这一能量场的特点是，他们无限耐心，在持久的逆境中也能保持积极乐观的心态。这一境界的特点是悲悯。达到这一境界的人，能对他人产生深远影响。在他们的长久注视下，我们能心生仁爱，心情宁静。

在能量级 500 以上的人眼中，世界清幽雅致，造化完美。一切都是同步、自然产生的，世间万物莫不是仁爱和神性的表达。个人意志与神的意志（天意）相融合。如果某种力量有利于某种现象的产生，而后者能够昭示能量场的力量，那么那种存在就能够被感知，但并不是作为个人意志被感知。

这一水平的人的责任感，较之低层级的表现，有着质的区别。他们意欲使个人的意识状态益于社会，而不是为个体谋取利益。他们明白，越是爱人，越能真正去爱、喜欢更多的人。

濒死体验，其效果是变革性的，通常能够使人体验 540—600 这一层级的能量。

能量级 600：宁静

这一能量级，与超凡脱俗、自我实现、内在神识等术语指代的经验有关。这种体验非常难得，于千万人之中仅可见一人而已。到了这种境界，主客体之间的界限已经消失，认识问题也不再有任何特定的焦点。这一层次的个体，已经超越了世俗的羁绊，随之而来的幸福状态消除了日常生活活动的影响。有一些成为了精神导师，另一些人则为了人类福祉而默默奉献。一些人成为他们各自领域的伟人和天才，为社会作出了杰出贡献。这些人高风亮节，最终成为官方指定的圣人，尽管这一水平已经普遍超越了正规宗教的信仰，而代之以纯粹的精神性，而后者是所有宗教的源泉。

尽管万物皆非静止，所有的一切都在运动，并向外辐射能量；在600及以上的状态看来，事件的运动是缓慢的，时间和空间是停滞的。

能量级700—1000：开悟

在人类历史长河中，那些创造了精神模式，拥有不计其数信众的伟人和领袖们，他们是处于这一层级的。他们都与神性相关，也常被人奉若神明。在这一层级，具有强大的感召能力，他们确立的吸子能量场影响了整个人类。到了这一境界，就再也没有任何个体的、私人的体验，相反，他们已与“神明”相互认同。这种自我的超越，常被用来作为示范，教育后来者如何最终到达这种境界。这是人间意识发展的最高峰。

这些伟大的教导激励了大众，提升了整个人类的认知层次。这种视野，一般称其为慈悲，它能为人带来无尽的安宁，这种状态是不能言喻的。在这一认识境界，自我存在的感觉超越了一切时间和所有个性。不再与任何称为“我”的肉体产生认同，因此个体的命运也就无关紧要。肉体仅仅被视作经由思想参与而产生意识的工具，它存在的价值仅仅是交流的媒介。小我与大我合二为一。这就是非二元对立的阶段,或者叫做全一。意识无边无涯,不受限制;认识无处不在,众生平等。

伟大的艺术品描述的那些开悟了的人,特点都是有一个特殊的手势,手掌向外传递着祝福与祈祷。这个动作意味着在向人类意识传递能量。这一境界已经是神的慈悲,能量级为1000。在人类历史记载中,任何到达这一境界的人,也就是说他们是神的化身,称之为“救世主”比较确切:克利须那神、佛祖释迦牟尼和耶稣基督。

第五章　社会各阶层的意识层级

概论

世界人口的各自能量层级分布，要是用示意图表示，就像一个宝塔尖顶一样。85%的人在关键的能量级200以下，而当今人类总体意识平均值大约为204。[①] 接近塔尖的相对少数人，抵消了位于塔底的绝大多数人的弱点，才产生了这一平均值。如上所述，仅有0.4%的人能量刻度值为500及以上，1000万个人中，仅有一个人的意识水平能达到600以上。

乍看之下，这些数字好像不太可信，但是如果我们悉心观察全球形势，我们很快就能想起所有次大陆上的民众还只能勉强维持生计。饥饿和瘟疫频发，通常还伴以政治压迫和社会资源的贫乏。这些人中，很多人悲观绝望，标度值在"冷漠"附近，一贫如洗，又束手无策。我们还应意识到，在剩下的大多数人中，不管是在文明社会还是原始社会，都常常生活在"恐惧"中。大部分人，终其一生都在寻找这样或者那样的安全感。那些已不

---

① 人类意识的整体层级，在上几个世纪中，都保持在190左右。然后突然在20世纪80年代后期的"和谐汇聚"之后，一跃而成现在的204。是意识水平的提升，才使得"和谐汇聚"得以实现吗？或者是"和谐汇聚"引发了意识水平的提升？又或者说，是否一个强大的、看不见的"隐含秩序"吸子场引发了上述两种现象？

再为衣食住行等基本生活必需品操心的人,他们的生活方式有了更多的随意选择。而这些选择,正是这个以利益为驱动的世界发展经济所必需的。满足欲望带来的成功,最好的结果,也不过是导致"骄傲"。

不到250这一层级,人类无法获得任何有意义的满足。到了这一层级,一定程度的自信开始显现,这是在人类意识的进化之路上积极的生活经验的基础和源泉。

文化联系

在异常简陋的生活条件下,民众仅能勉强维持生计,能量级普遍都在200以下。衣不蔽体,文盲遍地,新生儿死亡率居高不下,疾病和营养不良比比皆是,社会权力处于真空状态。他们仅仅具有基础的技能,比如采集食物,收集柴火,搭建住所等,完全依赖于变幻莫测的外界生活环境。这是石器时代的文明状况,只是比动物的生存状态稍微强一些。

能量级200以下的人,其生存状态的特点是:从事非技术性工种、初级贸易、或者简单的手工艺品制作(比如很小的独木舟),居住在临时住所中。这一群体居无定所,过着流浪生活。在意识水平稍高的群体中,农业生产开始出现,货币代替了以物易物。

能量级为250左右的群体,主要从事半熟练工。住房和食品虽然简单,却能满足生活所需;他们衣食丰足,开始开办初级教育。

将近300的层级,包括了熟练工种、蓝领、商人、零售业和工业。比如,在低级的水平,钓鱼只是一种个体或者部落行为,但是在能量级 250 以上,它就成为了一项产业。

在 300 这一水平,我们可以看到技师、熟练和高级的手工业者、经理和一个更加成熟的商业结构。接受中等教育成为必需。这一层级,对时尚、体育和大众娱乐有兴趣,看电视是他们主要的消遣方式。

能量级 350 左右,囊括了高级管理层、工匠和教育工作者。他们对公共事件消息灵通,世界观也已普遍超越了地区、邻里,或者是城市和国家的福祉。社会对话成为一件有意义的事情。获得的技能和充足的信息量,足以使得他们衣食无忧、社会开化、流动性强、富有弹性,也有充足的社会资源。他们可以稍作旅行,或者进行其他刺激性的娱乐活动。

到了 400 这一层级,人类的智慧开始觉醒,教化、高等教育、专业团队、执法者和科学家都在这一层级。低层级群体的家中没有读物,可是在这一层级,他们的家中遍布期刊杂志,书橱里满满当当。他们关注教育广播频道,有着更为成熟的政治观。他们擅长交流,大多都从事知识性的职业,富有艺术创造力是他们的共性。他们的娱乐活动有打牌、旅行、看戏和听音乐会。市政企业改善社会环境的意图,会引起他们的认真关注。这一层级的大部分人是高等法院大法官、董事长、政治家、发明家和行业的领导者。

因为教育是这一层级的基础,所以个体纷纷涌向大学集中、资讯丰富的大城市。一些人渴望成为大学教师,另一些则成为律师,或者从事其他专业性工作。同胞的利益是他们共同关心的问题,但却不是他们奋斗的主要动力。能量级 400 以上与各自领域的领导者相关,也与很高的社会声望、成就和相应的社会礼遇有关。爱因斯坦和弗洛伊德的标度值都在499。尽管大学和博士的层级都是400左右,这一层级也是视角受限的牛顿力学的观点和笛卡尔关于身体和思想二元对立的观点的源头(牛顿和笛卡尔标度值都是499)。

正如意识层级以200为关键的临界点一样,到了500这一层级,人的意识就向前迈进了一大步。尽管生存依然重要,但是他们的一切行为也带有仁爱的色彩,创造力得到了充分发挥,并伴之以担当、奉献和人格魅力。在这一层级,从体育运动到科学研究,成功在各个领域都随处可见。他们的行为动机都是无私的,并按照原则行事。他们的领袖地位都不是谋取来的,而是被群众推举出来的。伟大的音乐、艺术和建筑都是出于这一意识水平的人之手。仅仅是他们的存在,就能够激励别人,促使别人进步。

那些堪为社会楷模、富有感染力的领导者们,在他们各自的领域内创建了新的模式,对全人类的发展都产生了深远影响。这些领导者,能量级标度值都在500以上。尽管他们也意识到自身有缺点和不足,世人却觉得他们非凡卓越、超凡入圣。

在能量级550左右,他们的精神体验对后世产生了深远影响,并孜孜不倦于精神诉求。有一些人,还在现实的新观念形成背景方面取得了突破,使其家人和朋友都感到惊讶。这一水平的意识,被称为远见卓识,通常着眼于提升社会发展水平。在这一层级,一些人的认识水平可能飞跃到能量级600这一区域。到了这一点上,个体的生命就成为传奇。悲悯是这一层级的特点,这已经渗入他们所有的行为和动机之中。

意识的演进

尽管上述意识水平跨度区别很大,但是在人的一生中,个体从一个层级改变为另一个层级是很常见的。一般说来,一个个体的能量场,终其一生只能上升五个点。一个个体的意识层级,其实在他出生的时候就已经在起作用了,这是一个寓意深长的、清醒的想法。经过世世代代的发展,以文明作为表象的人类意识的演进,实际是非常缓慢的。

绝大多数人运用自己的生命体验,详细描述和表达了自身能量场的差异变化;尽管许多人可能会有些内部的改善,但很少有人能够试图去超越它。造成这一情形的原因也很好理解,因为我们知道,决定一个人意识能量层级的是他自身的动机。动机缘于意义;而意义,又反过来是背景的表达方式。因而,一个人能取得的成就受制于其背景,而背景,是与动机相连的,后者决定了个体相对实力。

当然,一个人终其一生平均仅能提升五个点,这是一个统计数字。这是由一个可悲的事实,连同其他事实一起得出的结论。这一可悲的事实是,个人生命经验的累积,很可能会纯粹地导致他们意识层级的下降。在以后的章节中我们会详细列举,少数意识层级相当高的人的影响,会抵消低层级所有人的消极影响。但是,反过来说,一些乖张任性的个体,也会对文化进程产生影响,并成为全人类整个意识层级发展的障碍;这一点历史早就有过充分的证明。人体运动学一个异常的两极测试表明,仅占人口 2.6% 的人,要对 72% 的社会问题负责。(他们对负面的吸子场反应强烈,却对正面的吸子场反应很微弱。)

尽管如此,对于独立的个体来说,产生积极的变化,迅速跃升上百点也是可能的。如果一个人能够真正摆脱低于200的吸子场的挟带作用,不再以自我为中心,有意识地去选择一种友善、真诚、善良和宽容的生活态度,并最终将与人为善作为自己的首要做人原则,就肯定能够攀升到更高的意识层级——当然,至少在理论上是这样。至于现实中需要真正践之以行,还需要坚定的意志。

因而,尽管在一个人的一生中要超越一个意识层级,上升到另一个层级,不是一件容易的事,但也还是存在机会。原动力是激活潜能的方法,而没有选择的参与,也不会产生任何进步。非常有必要再次重申一下,能量级的标度值是呈对数递增的,因此,个体的选择会有巨大的影响。能量层级间的差异,就像361.0和360.1之间的差异非常大,能够改变自己的生命,也能改变自己对世界的影响。

第六章　研究的新领域

我们以前关注的，主要是致力于针对能量和负面能量的机制问题，并对意识结构进行详细的阐释。但是我们研究的，绝对不是纯粹的理论问题。此处描述的研究方法的独特性，使得人类能够对缄默知识中从前无法掌握的领域进行探究。这一研究，不仅对最为单调的现实问题适用，对于最为高深的理论研究也适用。下面，就让我们仔细研究以下一些具体问题。

社会问题

吸毒和酗酒，滋生了关于犯罪、贫穷和社会福利等问题，这是一个至关重要的、令人担忧的社会问题。成瘾是一个棘手的社会和医学难题，至今人类也只是了解了其最基本的特点。传统意义上的“成瘾”这一名词，指的是尽管有很多严重的后果，但还是对毒品和酒精产生了持久的依赖。因为意志力已经失控，瘾君子已经无法在没有外界帮助的情况下戒掉毒品或者酒精。但是成瘾的本质是什么？又是什么使瘾君子上瘾？

通常认为，瘾君子迷恋的是使人上瘾的物质本身，因为它能够使人产生一种强烈的快感。如果我们用上面提到的方法再次审视一下上瘾的本质，就会得出一个不一样的表述。酒精或者毒品本身，并没有能量能够产生任何“强烈”的感觉；它们同植物一样，标度值仅为100。吸毒或者酗酒者体验到的“所谓”强烈快感，标度值介于350到600之间。毒品真正的作用不过是抑制低层级的能量场，而让吸毒者仅仅体验到高层级的能量。这就像一个过滤器屏蔽掉了一个乐队中的所有低音，所以能听到的只有高音。对低音的抑制并不能产生高音，只是将其显现出来。

在意识层级内部，高频极具能量，但是很少有人能够体验到这种单纯状态。这是因为它们被焦虑、恐惧、愤怒等低级的能量场掩盖住了。普通人很少能够体会到诸如无畏的爱心、纯粹的喜悦等境界，更别说心驰神往了。但是这些状态非常强大，一旦能够体验到，就永志难忘、孜孜以求。

上瘾者迷恋的其实正是这一心理状态的体验。电影《失去的地平线》就是一个很好的例子。香格里拉（这一电影的寓意是无条件的爱与美）作为一个概念，它的标度值为600。一旦体验到了这种情感，体验者的思维就被重置，再也无法满足于世俗的意识。电影的主人公发现，当他离开香格里拉重返尘世以后，就再也无法感受到幸福。他放弃了自己所拥有的一切，就为了找寻和重返那种意识状态，历经数年挣扎，几近付出生命，才重新找到香格里拉。

同样的情形，也发生在那些用其他方式（比如说通过冥想进入禅定或者濒死体验）达到这种意识高度的人。我们通常可以看到，这些个体已经彻底脱胎换骨了。他们无意留恋尘世，执意追求真理。20世纪60年代，许多服用迷幻药（LSD）产生过超验主义体验的人，做了相同的事情。通过爱情、宗教、古典音乐、艺术，或者通过实践精神戒律，也可以获得这种高级的心理体验。

这种心理体验，不管是经由何种途径，其实都是他们自己固有意识的经验范围，即“自我”。如果他们精神单纯，缺乏理解这种体验的背景知识，他们就会以为这种体验是从“外界”生发的。比如一位宗教导师、音乐、毒品和爱人等，都能引起这种心理体验。实际上，在某种特定的境况下，他们所体验到的所有事情，无一例外都是“内生”的。大多数人都与自身所具有的纯粹意识无缘，因此在这种心理体验产生的时候，他们也无从辨别。因为他们认同的是低层的自我状态，认同其共同特点。一个负面的自我形象，遮蔽了欢乐散发的光芒，使其无从辨认这一自我身份的真谛。这种愉悦、宁静和满足的状态，其实正是一个人的本质，也是每一位伟大的精神导师的一个基本准则（比如“天国就在你心中”）。[①]

所谓的“高级”意识状态，是针对高于个体的认识常态而言的。因此，对于一个生活在“恐惧”中的人来说，上升到“勇气”是一种进步；生活在绝望的“冷漠”之中的人，“愤怒”又高了一级。“恐惧”至少比“绝望”要强，“骄傲”又远胜“恐惧”。“接纳”比“勇气”来得幸福，而到了“仁爱”这一境界，其他低层级的状态都显得不具有吸引力了。“愉悦”超越了所有低层级的情绪状态，而心驰神往却是一种独一无二的心理体验，很少有人能感受到。这其中最崇高的意识体验，就是无限的“安宁”。这种心理体验非常精致细腻，任何言辞都不足以表达。

这种精神状态的能量级越高，其改变主体的整个生活状态

---

① 上帝既是超然的（在传统宗教中），又是无所不在的（神秘主义者的经验真理）。

的能量就越大。在一个高级的精神状态中，一瞬间就足以彻底颠覆一个人的生命价值取向、目标和价值观。可以这样说，从此以后，这个个体再也不是从前的个体，而是借由这一体验脱胎换骨，获得新生。这种沿着奉献的精神之路的艰难行进，正是精神进化的基本原理。

这种恒久的高级状态的体验，只有通过终生献身于内在的意识水平的提升才能合法获得。然而要是通过人工的手段，我们就只不过是临时得到罢了。但是，自然的平衡法则要求，通过人工的手段获得的这一境界，终究会付出代价；负面的失衡就会导致负面的效果。这种偷来的快乐的代价，就是在绝望中沉迷上瘾，最终个人和社会都会为此付出代价。

工业和科学研究

历史上有很多例子证实了运用这一方法是如何节省了数年的精力和数以百万的美元：

材料研究 为了他那推动了历史发展进程的白炽灯，托马斯·爱迪生一直测试了1600次，最终才找到了钨这种最合适的材料。其实要找到最合适的材料，一个更为便捷的方法是，将所有可以作灯丝的材料分为两组，然后询问："材料是否在这组中？"（是/否）经过检测，这些材料还可再进行细分，以此类推。用这种方法，用几分钟就可以得出答案，根本无需几年的时间。

产品发展 由于错误地以为抽烟仅是一种口咬瘾，美国雷诺兹－纳贝斯克公司耗资将近3.5亿美元进行研究，并投产了一种无烟卷烟。[①]（事实上后来发现，当人失明以后，也就不再抽烟了。原来抽烟有很多心理基础，口感的满足只是其中之一。）[②]运用人体运动学方法对任何潜在产品进行市场测试，包括这一产品，只需不到一分钟，就能在公众接受和可行性分析方面得出明确结论。如果问题措辞准确，并且将一切可能发生的意外情况都调查清楚，包括选择的时机、投放的市场、广告及一些亚人口消费状况等，产品的可接受性和盈利能力就一目了然了。

科学探究　科学提供了一个人体运动学测试场，能给调查者带来兴奋和刺激，足以使任何室内游戏都黯然失色。（对一个小组来说，将自己的发现与另一个也使用同一方法的小组做对比，也很令人期待。）在更为广泛的应用方面，一条通向卓有成效的研究的途径则可快速得到确认。研究发现，要取得最宝贵的真知灼见，与研究范围有关。因为这一方法超越了语境的限制，它最宝贵的用途之一就是用于检查过程本身，即这到底是不是一个正确的研究方向。我们因此可以证实，询问来源的基本前提具有效力。

比如，现在我们探究外星球上到底有没有生命的方法之一，就是向宇宙发送无线电信号数学符号 π。其用意为，除非一个外星文明建立了一套数学概念，否则他们不会发明无线电接收系统。但是假定外星生命也是生活在三维的世界中，或者假设

---

① 这一部根据真实故事改编的电影，题名为《门口的野蛮人》，讲述了整个过程及其结果。并于1993年11月在美国电视广播网播出。

② 这是临床医师的一个传统看法，经由作者几十年的临床经验加以验证。

他们能被我们人类所感知,也未免太想当然了。更何况在外星系,或许生命单位是分散的,而且他们是用一种超越时空界限的信号相互进行交流。

医学 人体运动学诊断本身也是一门科学,这是由应用人体运动学国际学院规定的。身体的每一个器官都有其相对应的诊断肌,它变弱就意味着该处器官的病变。人体运动学已经广泛应用于疾病确诊和检测一个可能疗法的功效。通过患者的人体运动学测试反应,可以得出正确的药方和合适的用药剂量。同理,也可以检测过敏反应和确定需不需要补充营养补充剂。

神学、认识论和哲学研究

尽管应用人体运动学的效力因人而异,取决于观察者的认知能力,但是这一技法的标度值却在 600 左右。这就意味着这一方法是可靠的,并超越了二元性。整体来说,本书的真理水平大致在 750 左右。要想从头到尾都保持这一水平,对每一章、每一页、每一个段落和句子,都用书中描述的这一方法加以测定,所有的陈述和结论也都得到了类似的验证。

如果我们衡量一下我们的问题和答案的标度值,那么环绕在真理本质周围的谜团,就有望得到破解。这种似是而非和模棱两可,源于意识水平的混乱;一个答案,只有在与其自身意识水平相符时,才是正确的。因而,我们或许会发现,一个答案是"正确的",而同时又是"无效的"。正如对一个音符虽弹奏手法无误,但是却在曲谱中弹错了地方。所有的观察结果都是特定意识层面的反映,并且只对本层级来说是有效的。因此,每一种探讨主题的方法,都有其既有的限制与问题。

意识的每一个层面的真理,都是可以自我检验的,因为每一个层面都有其自己的视野范围,证实那些已经被认为是真实的事情。因此,每个人都认为自己的行为和信念是正当的。这就是所有的"正义"固有的危险:任何人都可以是正义的。通过曲解语境,几乎可以将任何人类行为都予以合理化和正当化。

第七章　日常生活的临界点分析

到目前为止，我们所描述的这一研究，其潜在的应用价值不可估量，使用范围甚为广阔。既然能量的吸子场与意识之间的互动是表现为身心的交互作用，任何首创精神的有效能量的基础水平，都可以被任何人在任意时间和地点测定出来。所需要的只是两人互相配合，其中一人要能熟练掌握本研究所描述的肌肉测试方法。其使用价值是惊人的。至今为止，同物理学上的重大发现一样，这一工具对社会的不断演化，同样具有开创性作用。现在，让我们详细解释一下，这一发现对于我们的日常生活将意味着什么。

因为任何确定的吸子模式的能量标度值，都是与其真实度，或者说真相的水平直接相关，因此清楚地辨别一件事情是真是假，是建设性的还是破坏性的，是实际有效还是无效的，都是可以实现的。

正如我们已经看到的，意识能够果断地辨别真伪。这一点，只需要通过说出你的真实年纪（假设你今年43）就能立即得到确认。你说“我今年43岁”，然后请人用手往下摁你伸展的手臂，这时你的手臂会充满力量。现在你说，“我今年45岁”，你就会立即感到无力。像计算机的二进制一样,意识也只识别它的0和1,即对与错。(在这一过程中,任何模棱两可的情况,都是由提问方式引起的,而不是由应答机制引起的。关于这一点,可见附录B,第二章和下面的陈述。)

我们可以确定任何陈述、信仰体系和知识体系的真理水平。我们也可以精准地衡量任何句子、段落、章节或者整本书,包括本书的真实性。[①] 我们能够可靠地辨别任何首创精神中自身的意识和动机水平。现在,我们能够从一个全新的视角审视社会运动和历史,这在以前是不可能的。政治研究并不仅局限于现在。我们可以回顾历史,测定其标度值。

在所有这些练习中,人体运动学让那些隐藏的、隐含的秩序显形,揭露出其本质。这一系统的应用,是自我教育和自我指导。熟练掌握以后就会发现,每一个答案,都是指向下一个问题的;幸好都是指向一个上升的和有益的方向。我们发现了生命自身的真谛,因为我们的问题本身,就纯粹是我们自身动机、目标和认识水平的反映。测定一下问题而不是答案的标度值,总是能为我们提供有用的信息。

在讨论过程的时候,我们必须再次强调,说得更具体一些,就是提问的形式的某些方面。字斟句酌至关重要。例如,可以这样提问,“这一决策是正确的吗?”但所谓的“正确”究竟是什么意思?对谁来说正确?在哪个时段正确?需要仔细地对问题进行说明。我们认为的正确或者是错误,仅仅是主观性的;至于宇宙是怎么“认为”的,又可能是完全不同的另一回事。

---

① 参见附录A。

问题的动机相当重要。首先要问:“我能问这个问题吗?”如果没有准备好答案,就不要问问题;事实可能与你现在所想的大相径庭。尽管应用这一测试方法时,一些不明智的做法可能会引起情绪低落,有经验证明继续沿着这一路线询问,将会扩大语境,平息波动。假设,一个年轻女子问道:“我的男朋友是诚实的吗?”“他对我的生活有帮助吗?”,如果得到的答案是否定的,她很失望地发现,他的爱是自私的,他的性格是刻薄的。但是进一步地提问,就能得出答案:“这一关系最终会导致情感伤痛?”(是)“我现在知道这一点,就能免去日后的很多痛苦?”(是)“我可以从这一体验中吸取教训?”(是)

从更现实的角度看,这一测试方法可以决定一个投资是否可靠,或者一个制度是否可以信赖。我们不仅可以精准地预测最新研究进展的市场营销潜力如何,还可以预测医学研究领域和工程技术方面最新研究进展的潜力。我们还可以检测应用在大型油轮上的安全保障措施。我们可以提前判断军事策略是否可取。我们还可以辨别谁能胜任领袖一职,将政治家和纯粹的政客区分开来。在重大新闻事件中,我们立即可以判定采访者或者被采访者是否在说真话,如果说的是真的,那么真理水平又是多少?(如果你用这一方法检测一下网络上一个小时的新闻,你会得到一个惊人的发现:很多时候,所有的公众人物都在撒谎。)

你想知道这辆二手车是不是值得买?容易。推销员是不是讲了真话?简单。你最近遇到的浪漫情缘值不值得去追求?这个产品可靠吗?那位雇员值得信任吗?一个新设备的安全度是多少?是成功还是失败?做一个出色的医生和律师,需要有多诚实，技能要达到什么水平？谁是最好的治疗专家、教师、教练、修理工、机修工或者牙医？要履行公共单位的职能，需要具有何种意识水平？现职者又需要达到什么意识水平？

对真伪立即做出判断的能力，对我们的社会来说具有如此非凡的潜在价值，那么我们觉得有必要在我们的研究中，去记录和验证以下一些明确的实际应用。

当今和历史事件

因为这一方法能立即区分真假证据，因此它可以用来解决事实性的争议。比如说，犯罪嫌疑人的身份，或者是失踪人员的下落。不管是现在的受害者还是原告到底是有罪还是清白，还是历史上的阴谋论的真实性也好，又或者是尚未解开的谜团等，在这些重大社会新闻事件的背后，真相都可以被发掘出来。比如说阿米利亚·埃尔哈特失踪事件和林德伯格幼子绑架案等。在参议院听证会上的证词，媒体对于事件的报道，都可以在几秒钟之内得到证实。例如，运用这种方法可以发现，原来一个最近入狱的体育明星本是无罪的：是他这起案件的原告撒了谎。在另一桩世人瞩目的案件里，原告是说了实话的，而被告却仍身居要职。

健康研究

为什么人类不能彻底根除某些疾病，或者研究出治疗方法，究其原因在于受到了理性的限制。错误的答案，经常会阻碍人类寻找正确的原因。比如说，现在人们普遍相信烟草容易致癌。然而，通过研究我们发现，经过人体运动学实验检测，有机种植的烟草使肌肉非常强壮，而商品烟草就非常无力。直到1957年，烟草才被人视作致癌物质，这是因为在当时的加工过程中加入了化学物质。要解决吸烟者的肺癌问题，还有其他的解决方案。据1995年的《科学》杂志称，每天服用1克维C，可以防止吸烟导致的细胞损伤。但是最根本的解决办法，还是确认并停止在烟草加工过程中添加致癌化学物质。

司法管理和警察工作

在侦查任何案件的时候，必须要弄清楚目击证人有没有撒谎，其重要性是显而易见的。但是，要发现原告是否在隐瞒罪证，或者陪审团的话语是否被篡改了，也同样重要。

关于这一方法在犯罪问题中的应用，其中最有意思的一个是：没有目击证人，而且原告和被告的申诉相左。对于知名人士的性犯罪的大量指控就是一个明显的例子。公众人物极易沦为出于政治目的制造的人身攻击的对象；而在我们这个社会，媒体经常会仅仅因为被告人受到了指控，就将其视为有罪。所以这些被告人，同原告一样，也需要对其进行救济。

统计数字和方法论：节省时间

花费了大量的金钱和时间去搜集数据，只是用以证实可以在几分钟之内洞悉的事情。比如，要向那些持有异议的人"证明"人体运动学测试方法的有效性，必须遵从如下步骤：(1)总共需要360名被试者，将其分成五个小组，分别用正面和负面刺激对其进行测试(得出的统计分析 $p \leqslant .001$)；(2)再找3293名被试者，将其分成七个大组，进行相同的测试($p \leqslant .001$)；(3)对

325 名被试者进行个体测试（$p \leqslant .001$）；（4）分别对 616 名精神病患者进行分组测试和个体测试（$p \leqslant .01$）。从上述步骤中得出的结论排除了零假设。传统的方法论是无效的。

商业

借助这一方法,可以分析一个企业或者行业不景气的原因,帮助其解决问题,并且不需要耗费资金进行试验。要对这一企业进行完整分析,开始就要对其过去和现在的集体动机水平,以及对它在运转过程中所有相关人员的能力进行标度测定。接下来要通过测定得出,要想取得成功,各个不同部门之间需要达到何种水平。然后,策略、人员、产品、供给、广告、市场和招工过程都要一一进行评估。不需要花费高昂的资金进行市场分析,各种各样的市场策略就能被调查清楚。这样一来,保有了资本,同时也节省了大量的时间和精力。

在商业惯例中,就像政治惯例一样,真相的身份仍然并不明确:记住这一点将是明智之举。有一个大家普遍心领神会的普遍原则,就是个人诚信。至于那些煞有介事、虚张声势和善意的谎言等做法,正像生意人穿西装打领带一样,是商业界的装饰之一。（实际上人体运动学分析告诉我们一个有趣的现象,一旦一个可以信赖的昔日老友穿西装打领带,就不要再相信他!）因此,在日常生意中,这一方法得到了广泛的应用,比如说,验证一份账单或者发票是否准确。一个做过了手脚的账目,以及质量低劣的产品和做工,都会使调查者的手臂感到无力。伪造的仿制品很容易辨别。应用这一方法,能够很快辨别一张空头支票和真支票,一颗假钻石和一件真珠宝。

科学和探索

任何科学论文、实验和理论的真理水平，都很容易得到检测。可以预先知悉从一个既定的调查方向中可以获得的收益，也可以洞察变换了途径的研究的价值。对于审视研究课题的经济效益，以及调查者和设备的能力，都具有实际价值。

通过对关键因素进行分析可以在系统中找到一个点，在这一点上，做最小的努力就能够产生最大的效果。拥有复杂和不确定的变量的计算机仿真学，是当下预测研究进展和探索替代方案的科学技术发展水平。然而逻辑电路的内在缺陷，可以通过世界上最复杂的计算机（人类神经系统），运用人体运动学方法予以超越。量子的非局域性，保证了每一个问题的答案都是无处不在的；但是对于一个普通计算机来说，这本身很容易使其困惑。

临床工作

在医学上，诊断的准确性和治疗方法的疗效，都可以被测定出来。这一方法在查找引起失调的心理问题的病因方面，也大有价值。

人体运动逻辑学测定方法，可以用来支持临床诊断，以及科学控制的调查，因为它可以超越双盲测试固有的设计局限，而后者容易产生它本来刻意要避免的错误。统计数字并不能替代真相，在复杂的生物行为中，临近的事物常被视为显而易见的原因。真正的"原因"，很可能是通过一个潜藏的吸子场，对未来产生的拉力。

教育

一个非常有效的例子，就是可以评估个人书房里的书籍。只需把它们放在你的腹腔神经丛处，然后让人测试一下你的肌肉力量。做完了这些，你的书就会分成两堆了；思考一下二者之间的区别，很多测试者发现这是他们生命中最有价值的体验之一。（有些人让这两堆书籍放置一些时日，以便使自己深入了解这些经验。）

这一方法，对于评测一个人的音乐收藏也同样有益。负面影响的一组包括暴力、有性别歧视倾向的说唱音乐和重金属摇滚乐。积极向上的一组里包括古典音乐、经典摇滚乐（包括甲壳虫乐队在内）、大部分乡村音乐（令人惊讶的是，这一个标度值大约在 520 左右——跟心脏有关）、经典摇滚、雷盖音乐和民谣等。

精神内涵

尽管这一章主要讲述的是这一工具在社会生活中的应用，但应该指出的是，这一方法的应用也可以具有深刻的精神意义。比如，我们可以测试一下两个对比的陈述："我是一个身体"和"我有一个身体"。从这一点出发，提出的适当问题，能够解决一个人心灵深处潜在的恐惧。所有限制性的自我界定都能产生恐惧，因为他们有漏洞和弱点。我们的视角已经被我们自身的自我界定所扭曲，反过来，这一自我界定又因其认同于我们自身的局限而得以生成。我们执著于这一观念，即"我即是'彼'"。这时，错误就产生了。如果我们一旦明白了，一个个体有"彼"，做"彼"，而非是"彼"，那么真相就能昭然若揭。

能够意识到我“有”一个身体和心灵，而不是我“是”我的身体或者心灵，已经是意识的一大进步与自由。一旦能够超越了对死亡的恐惧，生命的体验就从根本上发生了改变；因为这是其他所有恐惧的来源。很少有人能够无所畏惧地生活。超越了恐惧之后就是喜悦，因为存在的意义和目的变得清楚明了。一旦认识到这一点，生命就变得安逸舒适、不费力气，一切痛苦的因素就会消失得无影无踪。痛苦，原本就是我们为我们的执著所付出的代价。

在精神追求中，也有实证经验参与其中。就精神导师而言，美国人非常缺乏经验，究其原因，部分在于美国社会并不像其他古老的文化一样，有着悠久的精神追求的历史。在临床实践中最具灾难性的精神抑郁，常见于那些发现自己精神上受到了欺骗的人。这种精神上的幻灭与痛苦，远远大于那些生活中其他的损失带来的苦痛；而且并非都有望痊愈。

伪先知者都有好口才，这是他们的迷人之处。但是，此处描述的测试方法，就能提供一个简单便捷的保护机制，防止上当受骗。看着电视里那些福音传道者，把声音关掉，让人对你进行测试。伪先知者能够以一种戏剧化的方式，使你变得无力。

那么一位真正的导师又如何呢？首先，真正的导师一个共同的标志就是，他们从不以任何方式去控制任何人的生命。相反，他只是向人解释怎样去提升意识水平。不过，如果我们对他们进行一下测定，比如说以世界公认的诺贝尔和平奖得主特蕾莎修女为例。我们就会发现，她的标度值是 700。1956 年逝世的、世人公认的印度宗教圣者拉玛那 · 玛哈希，其标度值亦是如此。（圣者拉玛那 · 玛哈希 16 岁时彻悟，从未离开过他居住的那座山，过着至为简朴的生活；他从不沾染金钱，不贪图名望，摒弃了追随者。若非一位知名的美国作家著书描述了他开悟的状态，使得追随者从世界各地蜂拥而至，他的一生都将会在寂寂无名中度过。）[1]

再也没有比在通灵者和心灵学盛行的地方，精神骗子更能大行其道了。检验一下这些巫师所说的"真相"的水平，以及"彼岸"的"源头"到底是怎样的，是非常有必要的。有时候，事实告诉我们的真相出乎意料的真实。不管真相来源于哪里，只要它的标度值在500，就值得听取；因为无力去爱，是大多数人类问题的根源所在。超越了500这一层级，物质财富和世俗的需要就变得无关紧要，而这正是真正的导师为何不追逐，也不贪图物质利益的原因所在。

这一系统的合理使用，总是能将我们引向自我发现和成长之路。最终，它能使我们对所有人都心生慈悲；因为我们看到，我们所有人都必须与人性中的阴暗面苦苦抗争。每个人在某些方面都有缺陷；每个人都走在发展之路的某个阶段，只不过有些走在我们前面，而有些却落在后面。回首过往的脚步，那是我们生命中过去的经验，而位于我们前面的则是全新的康庄大道。

我们无须为任何事心怀内疚，也没有什么可去抱怨的。不必记恨任何人，但是对有些人最好还是避而远之，这些盲区将变得越来越明显。每个人都选择了他自己的意识水平，然而在任何特定的时间点，没有人可以做出其他的选择。我们只有从"此处"才能到达"彼处"。每一个跃升都需要有一个起跳平台。在

---

① 参见布鲁顿，《在神秘的印度追寻》。

意识进化的过程中总会有痛苦存在,而其累积的影响最终会把我们推往一个新的方向,尽管这一机制可能非常缓慢。要向下探底多少次,才能真正汲取教训?或许需要上千次。这可以解释为何人类的痛苦数量如此之多之大,以至于让人难以理解。文明一寸寸前行,进展缓慢。

如果运用这一方法,再去重新评估一下我们这个社会的替罪羊,将会是一个有趣的实验。例如,可以先测定联合国现有能量的层级;然后询问,要成功地完成其应有的职能,需要到达何种能量层级。如果我们看到这种数字之间的差异,我们可能就不再指责任何个人和机构,因为我们会意识到,他们只不过是缺乏完成任务所需要的能量罢了。谴责会因为了解而消失,愧疚也是一样。所有的判断,最后都呈现为一种自我判断;一旦明白了这一点,就会对生命的本质有一种更为深刻的了解。

所谓有害的东西,一旦我们明白了其中的原因,它就再无力伤害我们了。现在,没有任何东西能够处于隐秘状态了。每一个思想、行为、决定或者感情,都会在这个连锁、相互制衡和时时刻刻都在变化的生命的能量场中产生一个漩涡,为全部时间留下一个永久记录。当我们初次明白了这一真相,我们会心生畏惧,但它会变成一个通向快速进步的跳板。

在这个互相关联的世界,我们个人世界中取得的每一个进步,都能将整个世界的每一个人向前推进一步。我们都漂浮在人类意识的集体层面上,因此我们为其添加的增值,最后都会返回我们自身。我们为了改进生命所做的努力,都能使我们感到乐观开朗。我们为了改进生命所付出的,最后必然会使我们所有人受益,因为我们所有人都包含在生命之中。我们就是生命。

“对你有益的，同样也对我有益”是一个科学事实。

善待自己和所有的生命，是最有力的能量。它不会引起对抗，没有任何阴暗面，不会导致损失或者绝望。它能增强一个人真实的能量，却不会使人付出代价。但是要达到能量的峰值，这样一种善良不允许有任何例外，也不可能期待行善能带来一些自私的回报。因其微妙，所以其影响深远。

在一个“物以类聚，人以群分”宇宙中，我们也被源于自己内心的东西所吸引。后果可能会以一种意想不到的方式来临。我们乘坐电梯时，对同一电梯里的人友善；一年后，在荒无人烟的高速公路上，一位热心人助了我们一臂之力。一个可以观察到的“此”并不一定引起一个可见的“彼”。相反，在现实中，动机或者行为的改变，能够作用于能量场，然后一种积极的回应的可能性就会增加。我们的内部工作，就像是建立了一个银行账户，但是不能任意从中支取。这笔资金的使用，是由一种微妙的能量场决定的，而它在等待一个一触即发的机会，以便将这能量释放回我们自己的生活。

狄更斯的《圣诞颂歌》是一个跟我们所有人的生活都相关的故事。我们都是斯克鲁基。我们都是小蒂姆。我们都很自私，某些方面也有缺陷。我们都是像鲍勃·拉契一样的受害者，我们也都像拒绝招待斯克鲁基的拉契夫人一样，对不道德的人心怀愤怒。圣诞的“过去之灵”在我们所有人的生命中出没；即将到来的圣诞节精神召唤着我们所有人，让我们做出能够提升我们自身和他人生活的选择。（顺便提一句，如果我们测定一下圣诞节的能量标度值，很显然，能量就存乎于我们人类自身的心中。）

所有的质疑,最终都会得出终极答案。没有什么事情是藏而不露的,真相无所不在。这一发现是我们通向觉悟的钥匙,能够帮助我们明白最简单的现实事物,以及人类的最终归宿。在检测我们日常生活的过程中,我们发现,原来我们的恐惧都是无稽之谈。这种真假的置换,是所有有形和无形的事物复原的本质。

通常,每个提问者都会遭遇一个最终问题,一个最大的问题:“我是谁?”

第八章　能量的源泉

做一个关于能量和负面能量的简单分析，就立即可以得出某种哲学意义上的结论。但与其说我们调查研究的终极目标具有学术和哲学意义，还不如说它是一种实际的理解。在接下来的陈述之前，以务实的观点看，我们有必要弄清楚能量内在的源泉是什么。它是怎样运转的？为什么负面能量最终总是向能量臣服？

在这一方面，研究一下美国宪法会非常有帮助。这份文件的标度值是 700 左右。如果逐句翻阅一下，能量的源泉就显现出来了：人生而平等，天赋人权，不可侵犯。有意思的是，圣雄甘地能量的源泉也正是这一概念。

经过检查我们可以看到，能量来源于意义。这与动机有关，也与行为准则有关。能量总是与能够支撑生命意义的内容相关联。同负面能量不同，它诉诸于人性中我们称为高尚的部分，而前者诉诸于人性中我们称之为粗鄙的部分。能量诉诸于使人意气昂扬和庄严崇高的事物。负面能量需要为自己找一个正当的理由，而能量不需要任何理由。负面能量是局部的，而能量则是全局性的。

如果我们分析一下负面能量的本质，那么负面能量总是屈服于能量的原因就很明显了。这与物理的基本法则一致。因为反负面能量能够随着负面能量自然而然产生，其效果是有限的。我们可以说负面能量是一种运动。它从此处运动到彼处，或者说是在有阻力的情况下，试图从此处运动到彼处。另一方面，能量是静止的。它是一个不会移动的静止场。例如，重力本身不会向任何物体的相反方向移动。重力拥有的能量能移动处于其中的所有物体，但是它本身却是静止不动的。

负面能量总是在反对什么，而能量却并非如此。负面能量自身并不完整，因此经常需要补给。能量本身是完整的，不需要从外界获取任何东西。它没有任何要求，没有任何需要。负面能量贪得无厌，它总是在消耗；相反，能量则能带来动力，散发气息，提供供给和保障。能量是能够带来活力的源泉。而负面能量却能将这些一扫而光。我们注意到，能量与仁爱相关，能使我们感到积极；负面能量与判断相关，使我们自我感觉很糟。

负面能量总能引起反击，它的后果就是引起两极分化，而不是联合统一。分极总是意味着冲突，因此它的代价也总是极为高昂。因为负面能量能够激起分极，它就无可避免地会引起赢/输二元对立；还因为有些人总是输，敌人就这样树立了。不时地面对敌人，负面能量就要求持续不断地对抗。不管是在商界、政界还是在国际事务中，防御性永远代价高昂。

在寻找能量的源泉这一过程中，我们注意到，它与意义联系在一起，而这种意义又与生命本身的意义相互关联。负面能量是具体的、字面的、存在争议的，它需要证据支持。然而，能量的源泉却是无可争议，也是无需证实的。不言而喻的事实是无可争议的。健康比疾病更重要，生命比死亡更重要，荣誉好过丢脸，信心和信任远胜于怀疑和挖苦，建设性优于破坏性——所有这些都是不言而喻的陈述，是无需证实的事实。最终，关于能量的源泉，我们惟一能说的是：它也不过是“客观存在”。

每一种文明，都有其固有的原则。如果一个文明的原则是高尚的，它就能昌盛；如果其原则是自私的，它就会衰落。作为一个术语，“原则”听起来可能有些抽象，但是原则带来的后果却是非常具体的。如果我们检验一下这些原则就会发现，它们存在于意识深处一个无形的区域内。尽管我们可以举出这世间有关诚实的例子，可是诚实本身，作为文明中心的一种组织原则，在这个客观世界，不是独立存在的。可见，真正的能量是源自于意识本身的；我们看到的，是一个无形世界的有形表现。

骄傲、崇高的目的，为生活质量作出的奉献——所有这些，都被视为鼓舞人心，能赋予生命意义。在这个物质世界，实际真正激励我们的是具有象征概念的事物，那些概念对于我们来说意义非凡。这些象征使我们的动机与抽象的原则相连。一个象征物能够激起巨大的能量，因为这一原则原本就存在于我们的意识之中。

意义是如此重要，以至于当生命失去了意义，自杀通常也就接踵而至。如果生命失去了意义，首先我们就会陷入很深的沮丧；如果生命一点意义也没有，我们也终将会离开这个世界。负面能量的目标短暂易逝，如果目标达到了，剩下的也就是毫无意义的虚无。另一方面，能量却能不断地激发我们前进。如果我们的生命是奉献的一生，比如说，如果我们致力于提升所有和我们有联系的人的福祉，我们的生命就永远不会失去意义。另一方面，如果我们延续生命的目的，就是取得个人经济上的成功，那么这一目标达到了又会怎么样？这是中年男女陷入沮丧的一个主要原因。

这种空虚带来的幻灭感，来自于不能将个人的生命与源自能量的原则相匹配而产生的挫败感。关于这一现象，当今一些伟大的音乐家、作曲家和指挥家的生命，就是一个很好的例证。他们通常在八九十岁还能继续创作，生儿育女、精力充沛，直至耄耋之年！[①] 他们毕生致力于创作和塑造美的化身，美包含和表达了巨大的能量。临床上发现，生活中充满美的人，通常都能长寿，充满活力。因为美是创造力的一部分，在所有需要创造性的职业中，长寿者很常见。

实证主义的哲学立场，是基于这样一个前提，即除非它是可以量化的，否则没有什么东西是真实的。这是这一科学特有的原则。然而能量的源泉是看不见摸不着的。从它的根本前提就可以看出来，这是一种逻辑经验主义的狡辩。除非它是可以衡量的，否则没有什么东西是真实的，这样的说法，本身就已经是一种抽象的观点。观点本身的依据无处可寻，亦不可衡量；关于其存在状态的讨论本身，就是源自于无形的。

退一步说，即使这一观点站得住脚，谁会希望过一种没有骄傲、没有荣誉、没有仁爱、没有悲悯或者价值的生活？尽管这一观点没有意义，但是在这里还是让我们阐述一下吧。

能量有没有任何有形的基础？它仅仅是源自于那些不可界定的、神秘的、哲学的、精神的或者抽象的东西吗？关于能量，我

---

① 这是1979年戴蒙得博士在《行为运动学》中提到的一个特殊区域。

们还可以多了解些什么，能够对那些习惯于左脑思维的人加以解释、使之领会？虽然他们拥有发达的电脑技术，但那对他们来说，这仅仅是一个性能测定系统。

在我们接下去陈述之前，先让我们明确一点：世界上最为先进的人工智能机器感受不到喜悦和幸福。负面能量能带来满足感，但只有能量才能带来喜悦。赢了他人能让我们感到满足，但是战胜自我才会给我们带来喜悦。但是正像前面的章节里提到的那样，这些品质现在不仅能够衡量，甚至都能被精准地测定。为了使这一事实更易于理解，且让我们通过高等物理理论中一些简单易懂的概念，来继续我们的旅程。

不要被这些概念吓倒。相反，它们尽管深刻，但对日常生活的影响却是极为简单的。我们不能因为要在车上使用轮胎，还要去了解橡胶的分子结构。尽管爱因斯坦的相对论、贝尔定理等理论的论据可能非常复杂，但是它们都能用几个浅显的句子讲得深入浅出。

最近提出的一些概念，与理解能量的本质有关联。一个是物理学家大卫·玻姆的理论，声称存在着两个宇宙：一个有形，一个无形。这一理论并不足以令人惊讶。其实很多东西已经为我们的日常生活所熟悉了：X 射线、无线电波和电视的电波，而这些也是看不见的。一个“封闭的”宇宙即为有形，而一个“开放的”宇宙，其本身即是封闭、无形的宇宙的一个表现形式。

因而，想要建造世界第一高楼，将思路进行整理之后，最终形成一个无形的概念，然后帝国大厦就巍然矗立在有形世界之中了。封闭的宇宙，与人的意识有关，就像灵感来源于创作者的心灵一样。玻姆称，它就像一个硬币的两面一样，意义将心灵和物质和连结在一起。

另一个有用的概念就是R·谢尔德雷克的“形态发生场”概念,或者称之为M场。就像能量模板一样,这些无形的组织模式在生命的不同层级建立形式。由于M场具有离散性,因此就产生了一个物种的恒等表示。潜藏在思想模式和形象之后的一些与M场类似的东西,也存在于意识的能量场中:这种现象被称为“形成原因”。M场能够帮助我们学习这一概念,现已为大规模的实验所验证。①

当罗杰·班尼斯特打破了4分钟内跑完1英里的纪录时,他就创造了一个新的M场。人类意识普遍认为,4分钟内跑完1英里是人类能力的极限。新的M场一经产生,很多赛跑选手都突然开始创造低于4分钟的纪录。每次人类开创了一个新的模式之后,都会产生这种现象。会飞的能力是由怀特兄弟创造的M场;摆脱酗酒的能力,这是由比尔·威尔逊创造的M场,他是戒酒无名会的发起人。在一个新的M场得以创建之后,每个人重复的成功都会使其能量得到增强。

我们都熟知这一事实,即新的想法通常是在几个相去甚远的人头脑中同时产生的。M场以某种方式作为一种组织规则,就像一种磁力吸引一样。一个M场根本无须到处移动。它无所不在,是一个静止的能量场。它一旦形成,就会作为一种普遍可用的模式,存在于无形的宇宙之中。

---

① 谢尔德雷克呼吁科学研究需要一个更为公开的方法。在美国和英国,颁发了一万美金和250英镑的奖金给那些假说的证实实验,以此做出回应。摩尔斯密码实验支持了这一理论,在1985年7月8日的《脑心公报》上有所报道。

下一个我们需要仔细思考的概念是混沌理论(非线性动力学的概念)。它首先应用于天气预报。数百年来在天气预报研究中都达成了一个共识,那就是在天气预报中没有可定义的、可预测的数学模型。(就像一个早已确定的说法,那就是数学没有办法来证明一个滴水的水龙头何时会滴水,甚或是解释一个小水滴是怎么形成的)。混沌仅仅意味着许多看似明显毫无意义的数据,比如说,圆点。在圆点中,你看不到任何内在的组织模式。随着高级计算机技术的诞生,人们运用计算机进行分析时发现,在看似杂乱无章的程序之中,存在着内在的组织模式:看起来毫无联系的事物,实际是有着内在关联的。

这样的分析显示出,像数字"8"一样折叠回来的模型,通常具有漏斗效应,因此这一图形本身具有可重复的几何外形。科学现在所认识到的,只不过是神秘主义者数百年来声称的:宇宙实际上协调一致、融合统一的,是围绕统一的模式建立起来的。[①]

非线性动力学已经证实,宇宙中实际上并不存在混沌;紊乱的出现仅仅是人类感知受限的一部分。这种启示对用左脑的人来说,是令人不安的;但是对用右脑的人来说,却是不言自明的。有创造力的人,仅仅是将在他们心灵中出现的东西写下来、画下来、雕刻出来和设计出来。我们的舞蹈并不是来自逻辑,而是来自感觉模式。我们从价值判断中做出选择,而价值判断是与内在规律相关的。

---

① 如果跳出二元性视角,所有事物之间的这些相互依赖和互相渗透,都是可见的。对所有重要的宗教和精神体系而言,"合而为一"都是核心部分,因为终极现实存在于一切形式之中和背后。

接受链的因果关系,在基础科学中常被理解为 A→B→C 这一序列。这一物质决定论的图示中,没有任何事情是天生不受约束的,都只是其他事情的产物而已。因此它是受到限制的,这个系统真正定义的是负面能量的世界。负面能量 A 导致了负面能量 B 的产生,然后又传送给 C,这就又产生了 D 这一后果。反过来,D 又成为了另一连串连锁反应的开端,直至无穷。这是一个世俗的、可预见的左脑的世界。这就是传统科学得以运行的有限模式:它可以用示意图表示,熟悉可控,但是却缺乏创造性;因为它是被过去所决定的,因而是受限的。这不是一个天才的世界,但是对一般人来说,这使他感到安全。这是一个生产力和实用性的世界。但是对富有创造力的人来说,它看起来却单调陈腐、平淡无奇,毫无吸引人之处。

构思出帝国大厦是一回事,但是使之实现又是另外一回事。使一件事情发生需要动力,而动力来源于意义。因此,这一有形和无形的世界联系在了一起,如图所示:

在这里我们看到,存在于无形、封闭宇宙之中的 ABC 这一概念,进入了显形世界中并活跃起来,结果导致了 A→B→C。那么显形的世界就在无形的世界生成了,也因此受到了未来的影响。无形的概念之所以能够实现,原因在于这一原始概念本身具有能量。我们可以说,是右脑思维"想出了这一模式",却是左脑思维"使之实现"。一个 ABC 或许既可以是高等能量吸子,也可以是低等能量吸子。一些概念和价值显然比另外一些更具能量。(迄今为止,科学只是明确了吸子或者具有高等能量或者具有低等能量。)

简单地说,强大的吸子模式使得我们充满能量,细弱的吸子模式使我们感到虚弱无力。一些概念如此无力,以至于仅仅是在头脑中想着它们,就足以使被试者根本无力保持手臂的平衡。另一些概念非常有力,如果在头脑中想着它们,不管施以何等力道,都无法使其手臂跌落。这是一个临床上普遍观察到的现象。强大吸子模式与健康相关,细弱模式总是与疾病、病痛和死亡联系在一起。如果你心中满怀宽恕,你的手臂就会非常有力;如果你满腔仇恨,手臂就会软弱无力。

对我们的目的而言,真的只需认识到能量是使你感到强壮的事物。负面能量会使你感到虚弱。爱、慈悲和宽恕,或许会被一些人误以为是卑躬屈膝,实际上却是非常具有活力的。另一方面,报复和谴责,会不可避免地使你感到虚弱。因此,抛开道德的正义性不谈,这也是一个简单的临床事实,即从长远来看,虚弱的不能战胜强壮的。那些虚弱的将会自行跌落。

在人类历史上拥有巨大能量的个人,都是那些全部认同强大吸子模式的人。他们一再强调,自己所显示的巨大能量不是他们自身的。每个人都将能量的源泉,归功于那些比他们自己更有能量的事物。

一直以来,不管他们用何种语言,人类历史上所有的伟大导师都在反复地教导一件事,简而言之就是:为了那些强大吸子,放弃那些细弱吸子。

在研究这些吸子的时候,我们将会看到一些软弱模式倾向于模仿(只限于形状)一些强大的模式。我们将这些称为“模拟器”。因此，处于希特勒的第三帝国统治下的德国人民，都被伪爱国主义欺骗了，因为他们以为那是真正的爱国主义。煽动政治家或者狂热分子试图说服我们模拟器就是真实的事物。为此目的，煽动政治家总是巧言令色，花言巧语。而那些真正具有能量的人，从不需要说什么。

第二部分　工作

第九章　人类态度的能量模式

区分高、低能量模式的能力，是一个认知和鉴赏力的问题，这一能力是我们大多数人经历痛苦的尝试和错误才获得的。失败、痛苦和最终导致的疾病，都是受了细弱模式的影响。成功、幸福和健康，都是从高等吸子模式衍生的。因此，非常有必要花几分钟时间，浏览一下下面的模式对照列表，这正是我们所研究，并对其进行衡量的内容，以确定它们各自的标准。这张详尽的清单，是封闭性原则运行的教育工具。对这些对立的品质的反思，就可以引发提高自我潜能意识这一过程。因此，一个人逐渐了解人际关系、商业事务和所有的各种各样的相互作用，正是这些构成了生活的全部。左边这一列，是描述强大（积极）吸子模式的形容词，标度值在200以上；右边，是软弱（消极）吸子模式，标度值低于200。

充裕………………过度	认可………………抵制
允许………………拒绝	美观…………附庸风雅
和蔼可亲……高高在上	认可………………控制
表示赞赏……心怀妒忌	满意称许……吹毛求疵
吸引………………诱惑	权威性的……傲慢专断

平等对待……先入为主	平衡稳定……偏激极端
美丽悦目……销魂夺魄	存在………………拥有
深信不疑……坚持己见	才华横溢……头脑机灵
正直坦率……精明算计	无忧无虑……轻薄肤浅
受到挑战……被妨碍的	仁慈行善……奢侈挥霍
开朗愉快……狂躁疯狂	珍视热爱……欣赏重视
自愿选择……迫于无奈	有教养的……拘泥形式
担心关切……裁决评判	调停抚慰……刻板僵硬
满怀信心……骄傲自大	直面………………烦扰
意识到的……没觉察到	体贴周到……放纵溺爱
确有助益……非建设性	勇于抗争……心怀抵触
勇敢………………鲁莽	防守保卫……进攻袭击
民主的…………专制的	公正超脱……漠视疏离
坚定果断……执拗倔强	献身专注……占有欲强
言行得体……故意骗人	实行………………占有
教育教导……劝说引诱	人人平等……高人一等
同情………………可怜	鼓舞人心……促进增进
精力旺盛……激动不安	使有生气……消耗性的
预想展望……想象设想	平等………………优越
色情的…………好色的	实质的…………表面的
永恒的…………短暂的	合乎道德……靠不住的
优秀卓越……差强人意	经验丰富……愤世嫉俗
公平合理……有顾虑的	多产的…………过剩的
灵活的…………固执的	宽恕………………憎恶
自由………………管束	慷慨………………小气
亲切友善……鲁莽粗俗	天资聪颖……侥幸碰巧
捐赠给予……取得捕获	全局………………局部
仁慈宽厚……高雅端庄	感激………………漠然

和睦融洽……引起混乱	有疗效的……使人烦恼
有益的…………干涉的	整体的…………分解的
正直的…………合法的	尊敬敬重……奉若神明
谦虚恭顺……畏首畏尾	幽默风趣……阴郁严峻
不偏不倚……行为正当	足智多谋……诡计多端
灵感的…………日常的	有意的…………精明的
直觉的…………刻板的	有创造力……平淡乏味
引人注目……敦促力劝	包含牵涉……沉迷烦扰
令人开心……使人满意	公平的…………惩罚的
仁慈………………残忍	指引带领……强制胁迫
解放………………限制	长期………………短暂
忠贞不渝……朝秦暮楚	仁慈宽大……随意放任
谦虚恭顺……桀骜不驯	天然的…………人工的
高贵的…………浮夸的	使滋养…………使枯竭
善于观察……表示怀疑	公开的…………遮掩的
乐观的…………悲观的	有条不紊……杂乱无章
友好爽直……拘谨缄默	沉稳忍耐……贪婪急切
爱国的…………利己的	和平的…………好斗的
彬彬有礼……谄媚讨好	强有力的……用尽蛮力
称赞表扬……谄媚奉承	遵守原则……权宜之计
享有特权……授以权利	富饶多产……贫瘠荒芜
果断的…………犹豫的	接受的…………攫取的
释放发泄……紧贴不放	自力更生……依靠依赖
请求索取……强求苛责	有礼貌的……有辱尊严
负责任的……逃避责任	心满意足……腻味厌倦
会挑选的……独占独享	安详宁静……单调乏味
服务他人……野心勃勃	共同分享……囤积聚敛
意味深长……自高自大	冷静严肃……沉醉狂喜

自发的…………冲动的	精神性的……物质性的
坚决的…………犹疑的	努力的…………苦斗的
屈服的…………麻烦的	温柔………………坚硬
有思想的……卖弄学问	节俭的…………廉价的
自始至终……风行一时	联合的…………分裂的
无私的…………自私的	珍视的…………剥削的
善良的…………著名的	温暖的…………狂热的

只要通读一下这张单子，你就不再是之前的你了：仅仅是知晓了每组词两者之间的差别，就能增长个人内心的能量。牢记这些差别，我们就会开始注意到之前没有注意到的那些事情。这样，一些新发现之所以能够发生，就像读者将会发现，是因为宇宙倾向于正面能量。

此外，宇宙并不会遗忘。因果报应这一问题有很多方面，但是每个选择和怎样选择，都有严重的后果。多年以来，我们所有的选择都在回响和激荡。成千份关于濒死体验的报告，就像布林克利的畅销书《存储光能》或者伊迪的《沐浴在光芒中》（译者注：又名《我有死亡经验》）所反映的（后者的标度值高达595）向我们证实了，我们最终将会为我们的每一个念头、语言或者行为负责，并将重新体验那些我们使别人遭受的痛苦。正基于此，才可以说我们每个人铸成了自己的天堂或者是地狱。

每时每刻，在我们选择路径的时候，宇宙都屏住了呼吸；对于宇宙来说，生命本身的本质是具有高度觉悟的。每一个行为、念头和选择，都为这一永恒的金字塔增加了镶嵌物。我们的决定，会在意识的宇宙中激起涟漪，从而影响所有人的生命。不管这个想法被视为仅仅是神秘的或假想的，我们要记得新理论物理的基本原则：宇宙中的万事万物都是相互关联的。

我们的选择强化了强大的形态发生场，其实就是影响了他人的吸子模式。即使一个人孤零零地坐在一个山洞中，不管他希望与否，他的想法也能影响他人。你所做的每一个行为或者决定，如果能够支持生命延续，就能支持包括你自己的生命在内的所有人的生命。我们制造的涟漪，又返回到我们自身。这一点一度曾被视作是一种形而上学的、超自然的陈述，现在已经被证实了是一种科学事实了。

宇宙中的一切常常不断地释放一种特定频率的能量模式，只有那些懂得如何去解读的人才能明白。每一个词语、行为和意念，都能产生一个永恒的记录。每一个念头都能被知悉，并且被永久记录。没有秘密可言，没有任何事能藏而不露。我们的精神毫无掩饰地站在时间之中，所有的人都能看到。最终，每个人的生命，都要为整个宇宙负责。

第十章　商界中的能量

人有进行选择的自由，若非如此，责任和义务就无从谈起。事实上，最终的选择，还是在于是否认同高等吸子能量场或者低级吸子能量场。微弱能量场，能使政府垮台，社会运动失利，文明衰退，同样也会破坏组织和事业。个体做出各自的选择，并承担相应的后果。

再没有任何地方能比商界更能显著地展示能量的效应了。然而，如果清楚地了解几个基本概念的话，也就没有其他地方，能够比商界更容易规避失败的风险。不管是一个产品、一个公司还是一位雇员，其吸子场的标度值都能够迅速地被测定出来。在我们的研究中，亏损的公司和成功的生意之间的差别是如此迥异，精准的预测也是有望实现的。

通常情况下，"买方"——可能是投票者、投资人和追寻事情真相的人及购买者，易被模仿者模式所迷惑，这一模式表面上为一种高等吸子能量模式。人们为表面的形式和流畅的描述所迷惑，就像那些幼稚的投资人，最近想去买白银，却发现整个商品市场已经被操控了。只要检验一下一个商业活动是符合高级能量模式，还是低级能量模式，相同的遭遇就会得以避免。一旦一个人理解了负面能量和能量之间运行的差异，这种识别能力几乎就成为了一种本能。

沃尔玛公司的创办人山姆·沃尔顿，为符合高等能量吸子模式能带来的能量，提供了一个例子。他在头脑中设想出的ABC，变成了 A→B→C，于是快速成长为沃尔玛这一商业巨人。在万斯·特林伯撰写的《山姆·沃尔顿》一书中，对这些基本原则进行了清晰的阐释。

今天，在许多大型商店的通道中根本没有任何雇员；这一对客户友善原则的公然冷漠令人震惊。相反，沃尔玛员工接受的训练，就是要在工作场所中展示一种人道的能量场，要乐于助人、热情洋溢和充满活力。他们的工作充满意义和价值，因为他们符合“贡献”这一原则，为维持生命和人类价值作出奉献。所有的沃尔玛都有一个歇脚的地方，然后你可以决定购买什么。这些满足人类简单需求的空间布局，从每英尺的销售总额来看，不符合科学管理的运算。但是这些着眼于效率的专家意见，不仅抛弃了人道主义的同情心，丢弃的还有数以百万计的顾客的市场忠诚度。计算机没有感觉；如果能够意识到“感觉决定购买物”，就会懂得对顾客的感觉多加关照。

尽管没人能认识到，但是一个重要的商业因素就是员工的“归属”感，即他们对组织的忠诚。在很多成功的企业中，这是一个很杰出的品质。那些面带真诚的微笑接待顾客的雇员，能够感到滋养和支持。这样一个环境，还有另外一个特点，就是员工的流动性低；反之，冷漠无情的公司，人员流动性也非常迅速。人员短缺总是一个低等吸子能量模式的象征。运用关键因素对一个大型廉价药品连锁店进行分析，就会发现通过不增加收银员而节省的钱,通常会使得销售成本增加数千美元。这样一种短浅的眼光,在低等能量场占主导的商业中随处可见。

要想取得成功,就必须接受并且按照导致了成功的原则经营,而不仅仅是模仿那些成功人士的行为。真正按照他们的行为方式行事,就必须成为像他们那样的人。那些模仿沃尔玛的一些做法的公司,希望以此能重新占领市场,却并未成功;因为他们只是模仿了 A→B→C 这一模式,而并非是认同于这些模式所得以产生的能量场。

我们对于吸子模式的研究,同彼得斯和沃特曼在他们的著作《追寻卓越:美国最优秀企业的生意经》中得出的结论紧密相关。[①] 这本书对一些著名的大公司进行了详细的分析。他们断言,成功的公司都有"心",与用左脑思维模式、进行严格地科学管理的公司截然相反。在读这本书期间,一个人会情不自禁地对很多市场调查程序的不足感到惊愕:统计学家们完全不知道要问什么问题。

除了计算这些公司赚的百万钞票之外,分析师也不妨估算一下那些他们没有能赚到的亿万财富。一个很好的例子就是最近美国汽车工业的衰败。一个人会认为,很明显,从劳斯莱斯或大众甲壳虫的成功,说明支持有计划的废止制度(是通用汽车公司总裁斯隆和设计师厄尔提出的。是指在设计新的汽车式样的时候,必须有计划的考虑以后几年之间不断的更换部分设计,基本造成一种制度,是汽车的式样最少每两年有一次小的变化,每

---

① 在对商业原则所作的经典分析中,彼得斯和沃特曼将能量的源泉等同为原则,而不是商业政治或者是程序、管理措施和技术。

三四年有一次大的变化,造成有计划的式样老化过程,称为有计划的废止制度。这是一种通过不断改变设计式样造成消费者心理老化的过程,其目的是促进消费者为了追逐新的式样潮流,而放弃旧式样,改换新式样。)这一哲学,不是注重产品的永久质量,是一个严重的错误。多年前我们的研究就表明,通过遵循高等能量吸子模式,我们已经确认美国汽车工业可以重新收复汽车市场。要想重新吸引公众注意力,就需要注重真正的创新;要注重产品的永久质量,使其取代有计划的废止制度。毕竟一辆新车的价格接近两万美元。

尽管很通情达理,在清楚地知道斥资所购汽车很快就会被淘汰的情况下,很多美国人并不情愿花这笔钱。很显然,降价汽车所失去的是任何真正的、内在的价值。夸张的价格和新奇的样式,并未反映出其实际价值。大家愿意花五万美元或者更高去买一辆二手的劳斯莱斯,因为知道从现在开始再过 20 年,这辆车的款式依然经典,机械性能良好,而且有很高的转售价值。

我们的研究表明,如果一辆车的性价比高,物有所值,而且长时间(最好是一生)运行良好,能够保值,那么为了保障自己的投资收益,美国人很愿意花这笔钱买车。(比如说,如果一款车的发动机和传动系统等能够轻易拆卸和替换,而且终身保修,肯定就会大卖。)吸子研究告诉我们,顾客购买时注重的是质量,质量上乘的商品不必仰仗巧舌如簧的广告噱头也卖得出去。正直和卓越说明了一切,因为它们是与能量相连的。

广告业是最有利可图、应用关键因素分析法最简单的领域之一。只需简单地应用一下我们所描述的人体运动学方法,就立刻能够揭示一场广告宣传活动或者某个特定的商业广告是软弱无力还是强壮有力。

很多公司一掷千金，想赢得最大可能的广告观众，但是如果一个受到广泛关注的商业广告让观众变得虚弱无力，甚至有损公司形象时，这种策略很可能适得其反。一则使人变得强壮的广告，总是能激起观众对于这一产品的积极情感。同样，那些在电视节目中间购买广告时间的广告商，如果他们的广告使人变得软弱无力，就会发现他们的产品被下意识地同负面的情绪联系起来了。通过仔细分析一则商业广告，我们可以确定，广告元素具有弱化和消极影响：广播员的声音、演员呆板造作、某些言辞不当、概念或者标志的不当使用，等等。一些公司的广告总是庸俗乏味，甚至令人尴尬，就反映了在他们的广告和市场营销部门中低等吸子能量场的盛行。

在商业世界的表面之外，社会还提供了其他无数的市场，在这里人类需要的实现被寻求、交换、盗窃、胁迫和拒绝。这是一个简单的生活道理，即需求得以实现就能给人带来满足感；沮丧就会滋生暴力、罪恶和情绪波动。如果政府监管机构的使命能重新认同于支持实现人类的需要，而不是日益因循守旧、开展种族运动以扑灭“社会问题”等，这些机构就会释放创造人类美好未来的强大能量。

知觉场受到它与之相连的吸子模式的限制。这就意味着，在一个特定场景中识别重要因素的能力受到语境的限制，而语境是由观察者的意识水平生成的。观察者的动机自动地决定了他所看到的；因此，因果关系被认为是一种因子，是由观察者的偏见决定的，对情境来说毫无价值。“情境伦理学”告诉我们，不应脱离语境来判断一个行为是对还是错。每个制约因子都能渲染画面，灰色梯度能改变整个场景的意义。

低等吸子能量场的表象之一就是对立斗争。能量总是引起一个双赢的解决方案，而负面能量总会导致两败俱伤。随之而来的斗争表明，如果一组坚持自己的利益，而侵害了他组的利益，又或者被告的权利与受害者的权利相互冲突，就都无法找到正确的解决方式。巧妙地处理高等吸子能量场的方法，就是找寻一种令各方面都满意的可行性方案。这样一种解决方法，需要同时使用温和的右脑和判断性的左脑。

一个解决社会市场问题的基本原则是：全力支持解决，而不是攻击引起这些情况的原因。攻击本身是一种能量非常弱的吸子模式（150），通过恐惧到威胁、胁迫并且最终导致道德败坏。处理赌博、吸毒、卖淫等社会罪恶的“纠察队”，本身道德败坏，将城市街道变成了犯罪活动的丛林。

客观审查揭示，由于坚持感情用事或者幼稚的道德说教，最棘手的社会问题都无法解决。这些主张都没有事实根据，因此，所有基于此的解决方法都是软弱无能，缺乏威力的。虚伪使得我们软弱无力，从错误的立场观念出发，经常会导致使用负面能量。负面能量通常是真理的替代品。枪支和警棍就是软弱的证据；控制欲源于缺少能量，就像虚荣是因为缺少自尊一样。惩罚是暴力的一种形式，一种能量的无效替代品。正像在社会中，如果对犯罪的惩罚量刑不符，就很可能是没有效力。惩罚的基础是复仇，其能量基础很弱，只有 150。

另一个例子，就是前文中列举的政府无力解决滥用毒品的问题。错误就在于从因循守旧的道德观念出发来看待问题，出于一个惩罚的目的而施行的负面能量。原来的关键错误就是无法正确区分如海洛因和可卡因等之类的硬毒品和大麻、冰毒等软毒品。硬毒品(麻醉毒品)容易上瘾,有严重的“戒断反应”,通常与犯罪有关。软毒品不会成瘾,不会引起戒断反应,主要都是外在使用。政府将软性毒品判定为有罪,就会产生新的犯罪组织——它们拥有大量财富,在世界范围内从事犯罪活动。如果禁令有效,市面上廉价、相对无害的休闲物品缺乏,很快就会充斥着从事硬毒品交易的人。从而温和的、无毒的药品文化就会变得罪恶和邪恶。

成功的解决方案,是基于一个有效的原则,即:方法不是经由负面攻击,而是经由滋养正面产生的。戒除酒瘾不能通过与醉酒状态斗争,而只能是通过选择清醒。“以战止战”无法实现。战争,包括与“恶性”和“毒品”的战争,或是同人类需求的斗争,通常都在这个伟大的、潜藏的社会市场中被暗中交易。这使得传统商业受到损害,要想赢得战争,还必须通过选择和平的方式。

第十一章　能量和运动

在我们对意识进行研究的过程中所形成的理论知识，为我们认识人类行为的各个方面提供了文本语境，这一点可以通过对运动的研究加以证实。运动是一个很好的例子，因为它广泛普及，并且有充分的文档记录。自古以来，那些伟大的运动明星都得到广泛颂扬，并且与科学界、艺术界以及文化成就的其他领域的伟大人物并驾齐驱。运动明星对于我们来说，象征着一切成绩都有可能；而且，在冠军这一层面，象征着精通与娴熟。

运动员身上有什么让我们大众为之欢呼雀跃，使我们为之狂热崇拜呢？起初我们以为是骄傲，以及对竞争和胜利的着迷。这些可能会产生愉悦和激动，但是对于出色的竞技水平所激发的尊敬与敬畏等更为深刻的情感，上述原因就无从解释了。使得民众为之欢欣鼓舞的，是一种直觉的识别能力，他们意识到，要想克服人类的生理极限，取得新的非凡成就，就必须英勇奋斗。

运动员通常也能体验到意识的高级境界。有证据表明，长跑运动员通常能够体会到安宁与喜悦等升华的境界。事实上，这种意识的提升，能够使人长时间超越痛苦和疲乏，而这一超越,是想要取得更好的表现所必需的。这一现象通常被描述为,把自己的身体推到一个临界点,突然能够突破行为障碍,然后行动就变得毫不费力:身体显得轻盈优雅,活动自如,仿佛受到某种看不见的外力的推动一样。伴随其间的喜悦之情,同成功所带来的激动截然不同;前者是安宁和与一切生命合而为一的喜悦。

值得注意的是,对个人自我的超越,以及对生命的精神本质的服从,都发生在一点上;这一点超出了运动员能力的明显界限。这种表面的障碍,受到一个人曾经取得的成就这一模式或者是由理论所认可的事情的限制,就像历史上的“4 分钟跑完一英里”一样。在罗杰·班尼斯特用 4 分钟跑完了 1 英里之前,大家都一致认为人类不可能跑得比这更快了。班尼斯特的伟大之处,不仅在于他打破了这一纪录,还在于他打破了一个旧的模式,为人类的能力树立了一个新的模式。这一突破到新层次的潜力,在人类各个领域都有相应的体现;在很多不同的事业中,那些已经取得了伟大成就的人,对围绕在他们的成就周围的情形,也给予了同样的重视。

我们衡量了许多描述体育成就的纪录,包括电影。在我们所研究的所有体育电影中,法国电影《碧海蓝天》标度值最高。这是有关世界潜水冠军雅克·梅约的故事。他是一个法国人,许多年以来一直苦苦练习,直到最近才创造了世界记录。这一电影的标度值高达 700,这是普遍真理的水平。电影本身能够使观众体验到一个高级境界的意识:一家曾经放映过这部影片的电影院经理说,有的观众走出电影院之时陶醉在沉静之中;有的莫名地喜极而泣。

这部电影采用了慢镜头拍摄，传神地描述了世界上最著名的深海潜水运动员的崇高思想境界。这种缓慢的主观感受、美丽与优雅，通常在高级境界的意识才能够观察到。在这里时间仿佛停滞了，在世界的喧嚣之外，有一片内心的安宁。

我们在影片里看到，自始至终，由于其精神专注，雅克·梅约始终保持了这一境界，这使得他始终处于冥想状态。在这种状态中，他超越了普通人的局限，通过生理状态的改变，取得了事业上的巨大成就。他潜得越深，他的心脏跳动就越慢，血液分配几乎全部集中在大脑（像海豚一样）。他的好朋友，本身也是一个高度进化的运动员，死于跟雅克的竞赛。因为他没有达到要超越身体的正常范围所需要的精神境界。

这种毫不费力取得的成绩所带来的主观体验，在其他形式的出色表现中也会发生。就像世界著名的苏菲派舞者，以反复旋转的苦行僧而知名，通过自律和筋疲力尽的练习，能够在空间中长时间以一种令人目眩的精准毫不费力地移动。

高度发达完善的武术，清楚地展示了在卓越的体育成就中，目的和宗旨是何等重要。① 受训人员经常被告诫，“停止使用蛮力”。致力于这些艺术流派所产生的大师，他们首要关注的问题就是通过控制、训练和致力于符合真正能量的目标，战胜小我，赢得大我。与高等吸子能量模式相符，这一点并不只局限于行为准则的训练，而是可以使之成为一种生活方式。因而，当原则

---

① 罡心馆是刚柔流空手道的典型代表，其座右铭如下：（1）追求良好的道德品质；（2）行为方式诚实、真诚；（3）不屈不挠；（4）保持尊重的态度；（5）通过精神追求来压抑肉体；（6）培育、保护生命，避免它受到破坏。

的能量传输给了练习者，这一效果就开始在其生活的方方面面中显现出来。

体育成就的伟大之处在于谦逊，就像帕布罗·莫拉莱斯在1992年夏季奥运会上夺得金牌以后所展现的那样。这些运动员表达了感激和内在的敬畏之情，明白他们的表现不仅仅是个人努力的结果：个人所付出的最大努力，使得他们到达一个突破点，经由此点，一个远远高于其自身的能量，传输给了他们。这通常表示为对迄今为止未知的自我方面进行的探索，或者对其未曾体验过的纯粹形式的探索。

通过人体运动学我们可以证实，如果一个人的行为动机是出自任何低于勇气之下的能量场，一个人就感到虚弱。骄傲的标度值为175，它不仅能使表演者行为能力弱化，而且还缺乏激发爱、荣誉和致力于一种更高原则的动力。如果我们要求一个魁梧的运动员满怀希望去击败他的对手，或者想要成为一个明星，抑或赚一大笔钱，我们会看到他会变得虚弱无力。我们可以轻而易举地将他受过专业训练的、肌肉发达的胳膊放下来。还是这个运动员，如果心里想着祖国或者运动的荣誉，想着将他的成绩奉献给某个他爱的人，或者想着为了追求卓越而付出的最大努力带来的纯粹快乐，他就会变得孔武有力，我们即使拼尽全力也无法使他的胳膊跌落下来。

因而，一个比赛者如果是出于骄傲或者贪婪，或者只热衷于击败一个对手，在发令枪响的那一刻，他就会变得虚弱，也无法做出伟大成就所必需的最大努力。有时我们看到一个运动员，由于上述原因开头情况很糟，但是随着比赛继续，这些自私的目标被抛在九霄云外，他的成绩就会提高。我们也看到过相反的情形，一个运动员开局不错，因为他为祖国和团体的荣誉，或者运动本身而竞争，然而当他快接近目标的时候，一旦想到个人的荣誉和胜利已经在望，他因此变得软弱无力。

如果一个运动员在预选赛中创造了一个新的纪录，激发了新的个人野心，然后在决赛中却土崩瓦解，这将令观众大为困惑；至此，一个令人遗憾的意识的序列就产生了。一旦顶尖运动员充满这样的信念，相信他们的辉煌不是个人的成就，而是作为一种人类潜能的示范，是给予所有人类的一项馈赠，那么他们在任何比赛中，都能一直保持很足的劲头。

意识水平在一个方面可以被视为是自我的，但是在 200 这一水平级可以作为一个支点，在这一点上自私开始向无私转化。在奥林匹克竞赛这一高端层面，意识水平值低于 200 以下的动机，不管是在私人生活还是在公众场合都会引起灾难性后果，这一点在美国花样滑冰运动员托尼娅·哈丁身上体现得淋漓尽致。这一运动员热切地渴望获得一枚奥运奖牌，不惜一切代价想要击败她的对手南茜·克里根；这就导致了她放弃了道德原则的正面能量，转而诉诸于粗俗下作的暴力。很难举出比这更有力的例子，证明向负面吸子场就范，是会如何快速毁灭一个原本可以很辉煌的运动生涯。

追求卓越这一更高的动机，使得此人得以跻身于优雅和能量的领域。以自我为中心的动机、斤斤计较于个人得失，会使人不由自主地堕入负面能量领域之中。对于认可的收获（哪怕只是以奖牌这一象征形式，更不必说是随之而来的经济报酬），这些都与真正的体育运动的伟大之处无关；而能量，是一种精神气概。正是这种气概使得我们为运动员鼓舞欢呼。即便是选手不像我们所举的例子那样沉溺于财富和名利，而仅仅是想在竞争中称霸争雄，也不如单纯地展示自己所有的卓越表现；因为前者都有令人堕落的自私自利的效果，会通过与负面能量相连的“骄傲”的挟带作用使人堕落。

一些骄傲的表现并无本质上的错误。如果我们赢得了美洲杯[①]，或者是在奥运会上得了奖，我们都很可能为之感到骄傲；但这种骄傲本质上是不同的。我们尊崇运动员所付出的努力，而不是个人的成功。后者不过是一种人类心灵中固有的、放之四海而皆准的伟大能量的表达方式而已。奥林匹克运动会，人类奋斗中最伟大的戏剧之一，吸引了很多人的目光；它能够提供一个应该消解个人骄傲的语境。奥运会的整个环境，能够激励运动员从个人骄傲上升到无条件的爱这一层面，也尊敬他的竞争对手，因为对方也为了同样高尚的原则在奉献和奋斗。

媒体常常有意激起运动的阴暗面，削弱运动员，因为显赫地位总能有意或无意地引起人的自负情绪。伟大的运动员，需要做好抵制这一污染源的准备。对抗铺天盖地、无孔不入的媒体的惟一有效方法，就是谦逊和感恩。修习传统武术的运动员们，通常都通过特殊的锻炼来抵制自负倾向。致力于精湛的技艺、表现和一个更高原则的职业生涯，都能提供绝对保护。

体育的真正能量以风度、灵敏和内心安宁为特征，并且自相矛盾的是，即使是一个令人望而生畏的对手，也过着一个没有竞争的、温和的生活。我们称颂运动员，是因为我们认识到，通过

---

① 每四年举行一次的帆船赛，为了纪念“美洲号”帆船于1851年帆船赛中获得了奖杯。

牺牲和奉献给更高的原则,他克服了个人的野心。他们以身作则,躬亲示范,成为令人称颂的传奇。不是他们所拥有的,也不是他们所做的,而是他们所成为的那个人,激励着全人类,这也是我们尊敬他们的原因。我们应该设法保护他们的谦逊,避免他们在现实生活中遭到随着欢呼喝彩而来的利用和侵害。我们需要教育大众,这些运动员的能力以及他们的精彩表现,是给予全人类的馈赠。他们需要得到我们的尊重和保护,保护其不受媒体和商业公司的伤害。

在我们每一个人的心中,都存在着奥林匹克精神。有实例证明,伟大的运动员能唤醒所有人心中这一原则的觉醒。这些英雄和他们的代言人,对全人类都有一个潜在的、强有力的影响,真正担负着提升世界的能量。培养卓越、认识其价值,是大家共同的责任,因为人类在任何领域付出的追求卓越的努力,都启发着我们所有人朝着还未实现的人类伟大之处努力。

第十二章　社会能量和人类精神

我们之所以为真正的运动员精神喝彩,是因为这一“精神”包含了符合我们需要的所有意义:勇气、坚忍不拔、奉献、坚守原则,向世人展示了追求卓越、荣誉、尊敬和谦逊。[①] 激发鼓舞就意味着斗志昂扬;气馁沮丧意味着失败、失望和被抛弃。然而,“精神”到底意味着什么呢?人类的集体经验,可以通过“集体精神”等词语,或者当我们劝别人时的“打起精神来”等话语,对“精神”这一词语加以理解。精神是一个能够决定胜负的、非常现实的因素,这一点,已经广为军事指挥官、教练和首席执行官所熟知。一位员工或者小组成员,如果不能深刻领会组织的精神,很快就会发现他已无工作可做,被小组排斥在外了。

综上所述,很明显,“精神”这一术语,指的是一种不可见的本质;尽管其表现形式随着情况的变化而变化,本质本身是不会改变的。这种本质至关重要,如果我们丧失了精神,我们就会死亡:那是因为我们丧失了激励我们前进的东西。

---

① 在1971年美国的英语语言研究所出版的《韦伯斯特生活英语词典百科全书》中,“精神”定义如下:“拉丁语作 spiritus。呼吸、空气、生命本质、灵魂;灵魂的原则、人类的至关重要的原则、与物质相对立的意识存在;精力、勇气和活力;品质,三位一体的真我方面;行为背后的原则;一般意义,有效原则;主导趋势。”

那么,从临床意义上来说,精神就等同于生命。生命的能量本身就可以称之为精神。精神即是与生命相伴的活力,是与生命能量相联系的表达方式。高级吸子能量模式是促合成的,能够维持生命;它们的对立面是分解代谢的,最终就会导致死亡。真正的能量就是生命,就是精神;负面能量就是软弱,就是死亡。如果一个个体失去了,或者欠缺我们称之为精神的品性,人性就会泯灭,爱情和自尊就会丧失,或许还会变得自私和暴力。如果一个国家偏离了对人类精神的认同,就会变成国际上的罪犯。

为了更好地理解能量中的精神本质,以及它作为一种社会运动是怎样开始和运转的,我们研究一下当下一个有着巨大能量、产生了巨大影响的精神组织,将会很有帮助。这一组织发生的每件事都是公开记录的,它公开宣称符合人类精神,断然声称它不是宗教组织。这一组织就是已经成立了 55 年的戒酒无名会。

关于戒酒无名会这一组织,我们多少都知道一些。因为它已融入现代社会的结构,它的追随者数以百万计。据估计,在这个时候,这一组织及其分支机构,以这样或那样的方式,影响了大约一半的美国人的生活。即使十二步互助小组的理念,都不能直接传达到个体的生命,戒酒无名会因为其用实例增强了某些价值,却以一种间接的方式影响了每一个人。让我们探讨一下戒酒无名会的能量原则,以及它在历史上是怎么产生的;再调查一下这些原则在普通人群和在其成员之间的影响是怎样的。我们可以看一下戒酒无名会是什么,又不是什么,然后从这两方面吸取经验教训。

序言中说,戒酒无名会“不与任何宗派、教派、政治或组织有任何联系”。另外,它对“外界的任何事物都不发表看法”。它既不反对,也不支持任何其他对付酗酒问题的办法。它不收取会费和任何费用,没有任何仪式,没有统一服装,没有干事和职员,也没有任何规章制度。它没有任何财产,也没有办公大楼。不仅其所有的成员都是平等的,而且所有的戒酒无名会小组都是自我管理和自给自足的。[①] 甚至成员痊愈所遵循的十二个基本步骤,也仅被规定为“建议”。任何形式的胁迫都要避免,并且这一点还被很多标语所强调,比如“慢慢来,不着急”,“重要的事情先来”,其中最重要的是“自己活也让别人活”。

戒酒无名会尊重自由,它将选择权交由戒酒者个人。它的能量模式可以被确认为诚实、负责、谦逊、服务,以及对忍耐、善意和兄弟情谊的身体力行。它并不遵从某种特定的道德规范,也没有任何关于对错善恶的规则,并且避免做任何道德评判。它并不试图去控制任何人,包括它自身的成员在内。相反,它所做的,就是设计一条道路。它只是对其成员说,“如果你们在所有的事情中都实践这些原则,那么你就能够从这一严重和每况愈下的致命疾病中痊愈,重新恢复健康,找回自尊,能够过一种丰富充实的人生,为了你自己,也为了他人。”

关于这些原则产生的能量能够治愈绝望的疾病,改变其成

---

① 每一次戒酒无名会会议的开场白都是:“戒酒无名会是一群意图分享他们各自经验、能量和希望的男女聚集在一起,希望借此能够分担一下自己的问题,并帮助他人摆脱酗酒。入会的惟一要求就是,有戒酒的意愿。戒酒无名会成员没有会费,也无需缴纳任何费用。我们通过共同的努力,来实现自我支持。戒酒无名会并不是同任何教派、宗派、政治事务或者组织、协会结盟,也无意卷入任何纷争。我们首要的目标就是要保持头脑冷静,帮助其他酗酒者达到头脑清醒的状态。”(戒酒无名会,纽约曼哈顿大中央车站,459 号邮箱,1991,1993。)

员的毁灭性人格，在这方面，戒酒无名会是一个原始的例子。从这一模式中，随后衍生了团体治疗法等形式。成群的人集结在一起，以一种正式的形式讨论他们各自的问题。经研究发现，这一形式具有巨大的能量。为戒酒无名会成员的配偶组织的嗜酒者家庭互助会，还有为他们的孩子成立的互助会，随后还有匿名戒赌会、戒毒无名会、家长匿名会、暴食者匿名会，等等。现在，有将近300个十二步骤匿名自助小组，能够应对各种形式的人类痛苦。作为这一疗法的结果，美国人在很大程度上从谴责性的自我伤害行为，转向了认为这些疾病的情形其实都是可以治愈的。

以务实的观点出发，自助小组对社会产生了巨大的影响。它不仅缓解了人类苦痛、重新构建了家庭，而且还节省了数十亿美元的费用。缺勤率、汽车保险税率、福利、公共卫生和刑事系统的费用，因为这一运动产生的广泛的行为上的改变，都得到了极大的节制。由政府提供支持的咨询服务的费用，仅为数百万困惑的个体提供治疗的小组疗法这一项，就将高得惊人。

这些组织数以百万的成员，一致认为承认个人自我意识的缺陷，使他们得以体验到一种真正的能量，而正是这种能量让他们痊愈。迄今为止，地球上任何方法，包括药物、精神病学或者现代科学的任何分支，都收效甚微。

从戒酒无名会这一模范机构的成立过程，我们可以得出一些重要的观察结论。早在20世纪30年代，酗酒开始为人所接受，正如几百年来，酗酒作为一种令人绝望的、每况愈下的疾病，使医学和宗教都束手无策。（事实上，酗酒在神职人员中的泛滥程度，高得惊人。）所有形式的药物上瘾，都被认为是不治之症。

一旦他们的病情达到某种程度,受害人就会遭到“放弃”。

在20世纪30年代初期,一个成功的美国商人,现在我们已经知道是罗兰,曾经尝试过治疗酗酒的每一种方法,但都徒劳无功。他去见著名的瑞士精神分析学家卡尔·荣格,后者对他进行了大约一年的治疗,之后他饮酒就能有所节制了。罗兰满怀希望地返回美国,但是却因酒瘾复发再次病倒。

罗兰返回瑞士,重新找到荣格,要求做进一步治疗。荣格很谦逊地告诉罗兰,不论是他的科学,还是艺术,都不能为他提供进一步的帮助了。但是在人类历史上,虽然很罕见,但也不时会有这种情形:一些人完全委身于某些精神性的组织,向上帝祈求帮助,而得以痊愈。

罗兰心情沮丧地回到美国,但是遵照荣格的建议,他参加了一个当时称为“牛津集团”的组织。组织的成员定期集会,根据精神宗旨讨论生活内容,这一点非常像后来戒酒无名会的宗旨。通过这些方法,罗兰得到了痊愈。他的痊愈使得另一个人非常吃惊,这个人就是埃德温·T,也可以叫他“埃比”,也是一名无计可施、绝望的酗酒者。罗兰将自己的康复过程告诉了埃比,后者照此而行,也变得清醒了。有同样问题的一个人帮助另一个人,这种模式,就从埃比传给了他的朋友比尔·威尔逊。比尔常因其绝望的、治愈无望的酗酒入院治疗,健康状况很差。埃比告诉比尔,他是通过为他人服务、道德整肃、隐姓埋名、谦逊恭顺,以及通过屈从于一种更高的能量得以康复的。

比尔·威尔逊是一个无神论者,至少,屈从于一种更高的能量对他来说毫无吸引力。比尔的骄傲,使他憎恶“屈从”这一整体理念;他心灰意冷,深深地陷入了绝望之中。他迷恋酒精,同时又酒精过敏，这两者让他身心备受煎熬。大夫很清楚地告诉他和他的太太洛伊斯，再这样下去，势必会导致疯狂和死亡。最终，比尔完全戒了酒，他深刻体验到一种无限存在和光明，内心极度安宁。当天晚上，他终于能够入睡。第二天当他醒来的时候，他觉得仿佛他以一种无可名状的方式，脱胎换骨，得以重生了。

这一有效的体验，被他的主治医生、纽约市西岸的市立医院的威廉·D.斯尔克华斯博士所证实。斯尔克华斯治疗过1万名酗酒者，在这一过程中积累了足够的经验，足以明白比尔所说的体验有多弥足珍贵。后来，他还推荐比尔阅读著名心理学家威廉·詹姆斯的经典著作《宗教经验之种种》。

比尔想要把自己的这一体验告诉他人，就像他自己说的“接下来花了数月的时间，想帮助醉汉清醒，结果却失败了”。最终，他发现，必须要让患者明白他当下的绝望处境，或者用现代心理学的术语说，克服他们的“拒绝”心态。比尔治疗成功的第一个病例，是来自俄亥俄州阿克伦市的一名外科医生鲍勃。结果发现，他具有进行精神指导的天分，后来与比尔合作，共同创立了戒酒无名会。直到1956年去世，他余生滴酒未沾。（比尔也是一样，自那时起直到1980年去世之前，他也滴酒未沾。）经由比尔·威尔逊的内心体验实现的巨大能量，涌现在了那些人生得以改变的、数以百万人的生活中。《生活》杂志曾列举过人类历史上100位伟大的美国人，比尔·威尔逊因其开创了自助运动的先河，也榜上有名。

比尔·威尔逊的故事是一个典型，即个体能够成为传送伟大能量的人。他们在短暂的事业生涯中所传达的原则，长长久久地影响和整肃了数百万人的生活。例如,耶稣基督,他仅传教了三年,然而他的教导却改变了整个西方社会。近两千年来,人类同这些教义的邂逅,是西方历史的精髓所在。我们所发现的吸子能量场的最高标度值,总是与历史上伟大的精神导师的教义相连的。

从那些伟大的宗师的原始教义,到现今宗教组织的现行实践,其能量场的标度值一直在缩减。然而这些原始的教义原则,其内部吸子能量模式是保持不变的;只不过是它们的表现形式变弱了。教义本身仍然具有同从前一样的厚重能量。

准则的能量亘古未变。不论我们是否能充分理解它们,这些准则都是人类努力的理想和方向。在我们自我完善的过程中,我们学会了对那些内心仍充满了冲突的人报之以同情;在这一过程中,我们增长了智慧,这一智慧包括对整个人类状况的同情。

如果我们查阅一下高等理论物理的定律,以及我们自己对于吸子研究的结果,很显然,在一个万事万物都相互关联的宇宙中,不可见的能量替我们完成了那些力所不能及的任务。正如我们之前讲过的,我们无法看到电流、X 射线或者无线电电波,但是通过它们的效果,我们知道了它们内部所蕴含的能量。同样,在这个世界上,尽管直到现在思想还被认为是无法衡量的,我们却不断地见证思想和感情的能量。

我们提及高等吸子能量场的时候,通常只能通过象征物间接地提及。从物理的角度来看,国旗只不过是上面有着色的图形的一片片料子而已,但是人类却宁愿为其所象征的东西牺牲生命。如前所说,能量的赋予来源于意义。那些对我们来说意义非凡的事物，来自于精神世界，而非物质世界。

迄今为止，我们已经发现，行为符合与高等吸子能量场相关联的原则，就能在奥运会上夺取成功，在商界叱咤风云，在国际社会取得政治上的胜利，以及从令人绝望、每况愈下的疾病中痊愈。这些相同的吸子模式，也是世上最优美的音乐的源泉。他们是著名的宗教教义、世上伟大的艺术和建筑作品、一切创造力和天才的源泉和基础。

第十三章　艺术的能量

那些流传了数百年的艺术、音乐和建筑的伟大作品,其实是高级吸子模式影响下的一个持久表现。这些作品,反映了这些人类文明史上杰出的艺术家,为了使艺术至臻完美所具有的为艺术献身的精神。正是他们的劳动,进而使人性得到升华。美术总是能为人类在世俗领域的最高精神奋斗提供场所。早在古希腊雕刻家菲迪亚斯时代,人类就意识到艺术作为实体媒介的作用:以一种有形的、人人都能理解的形式,为人类应该做什么、成为什么样的人提供了典范,它是人类精神的一种凝炼的表达方式。

伟大的艺术品,不仅体现了人类经验,而且还体现了我们所生活的世界的有序本质。这正是我们称其为美的事物。正如理论物理学家一样,艺术家也在明显的混沌中发现了秩序。正是在一块毫无意义的大理石中,米开朗基罗看到了《大卫》和《圣母哀子像》。他用凿子去除了那些毫无意义的石头,一个完美的形象就呼之欲出了。当他凝视着西斯廷教堂里毫无意义、不规则的灰泥墙时,产生了一个奇妙的 ABC 的艺术灵感;进而通过艺术的手段,他最终实现了 A→B→C 的转变,这就是我们知道的《最后的审判》。

艺术留给人类的遗产也是精神性的。当我们注视着实现了的美时,对美的感受也感染了我们,使我们能够在明显混乱无序的存在中去发现,进而去创造属于我们自身的审美体验的回报。

没有什么艺术能够离开爱。艺术总是与灵魂相关的创造,是人类触觉的工艺——不管是有形的触觉还是头脑和精神上的触觉。自尼安德特人时代起就是这样,而且将一直这样发展下去。因此我们发现,计算机做出来的艺术,甚至是出色的照片,从未像真迹那样有很高的标度值。一个非常有意思的人体运动学的试验(这个试验人人可做)就是测试一下一个人注视原作和机器复制出的作品之间的能量的变化。当一个人注视着手工做出来的物品的时候,他会感到有能量;反之,当他看着复制品的时候,他就感到虚弱。不管图像内容为何,这一点都是真实的。一个有着令人不安的主题的原件,也比一个令人愉悦的主题的复制品更能使被试者感受到能量。全心奉献的艺术家们,将爱倾注在其作品中。在人情味和独创性中,都蕴含着巨大的能量。因此,人体运动学提供了一个能够识别赝品的安全无故障的探测器。

伟大的精神分析学家卡尔·荣格一再地强调过艺术与人类尊严之间的联系,以及艺术中人类精神的重要性。荣格本人及其作品,在历史上所有知名的精神分析学家中,标度值是最高的。(许多其他的精神分析学家,认同于材料决定论这一吸子模式,标度值要低得多。)

从某些方面而言,音乐是最微妙的,因为它是最无形的艺术形式。然而,当它在回避左脑理性,直接诉诸于我们右脑的潜意识的认知模式时，它同时是最本能、最感性的。它还为我们提供了最简易的模式，向我们展示了吸子模式是怎样在现实中建立秩序的：如果你想要理解混沌和意义之间的差别，那么就去找寻对于有效的艺术的一个定义，只需要思考噪音和音乐之间的差别即可。

在探究吸子模式的过程中，艺术天赋扮演了关键角色。爱沙尼亚当代作曲家阿沃·佩尔特，其作品常被称为是超凡脱俗的或是神秘的，他将这许多已经观察到的现象进行了浓缩，描述这一创造性过程：

在谱曲之前，我必须要准备很长时间。有时，这一过程可能需要五年……在我的生活中，在我处在困难的境遇中时，我觉得除了我的音乐和作品之外，一切都了无意义。复杂多面的事物总能使我感到困惑，我必须追寻一种惟一。这惟一，是什么？我怎样才能找到它？对这个事情的追溯，以许多形式出现，而所有微不足道的事物都纷纷消逝……此刻，我在沉默中独处。我已经发现，哪怕弹奏出一个美丽的音符，也就足够了……那是我的目标。时间和永恒是相互关联的。瞬间和永恒驻扎在我们的心中。

在所有的艺术形式中，音乐轻易就能令我们热泪盈眶，使我们热血沸腾，让我们达到爱和创造力的极致。我们早就注意到，不论是演奏者、指挥还是作曲家，长寿常常似乎是与古典音乐的吸子场相联系的必然结果。古典音乐经常能显示出具有极高的内在能量模式。

但是在所有的艺术中，建筑是最具象的，其对于人们生活的影响随处可见。我们在建筑中购物、工作和寻找娱乐。那么结构本身的形式，因为它是如此多的人类活动的背景，所以理应受到重视。

在所有的世界建筑中，宏伟的教堂总能令人惊叹。其能量模式值在建筑形式中是最高的。这是几个因素共同作用的结果。教堂同时融合了几个艺术形式：音乐、雕塑、绘画和空间设计。另外，这些宏伟的建筑是用作供奉神明的，而后者是造物主的子女，同最高级的吸子模式相关。教堂不仅能够使我们大受鼓舞，还能使我们团结一心，教导我们，象征并服务于人类所拥有的最崇高的部分。

但是建筑中的美感，却不需要太奢华，规模也不需要太宏大。很少有什么建筑布景，能比点缀在爱尔兰乡间的小茅屋更迷人了；每一个都比上一个更古雅如画。人类天生对美感的鉴赏，使得很多传统民居建筑中，都存在着美丽和简单的优雅表达。

精心构思的公共建筑，传达了将美丽的线条与效用相结合的历史的真实性。在恢宏的俄罗斯地铁站，功能与美感庄严地结合在一起；加拿大许多新建的高层公寓大楼，在其设计和布局中，也充分考虑到了这两点。古老的文明似乎早就明白了美的实用性这一点：他们明白，没有美感的设计行之不远。一个建筑丑陋的街区，就会成为贫民窟和暴力之间循环往复的回馈机制的一部分。那些粗糙简陋、一点也不人性化的城市贫民窟的住宅区，显示了它们作为滋生了肮脏和犯罪的母体，具有多么微弱的能量模式。必须记住，一个人的意识能量取决于他所符合的吸子模式，贫民窟的赤贫要么可以成为一个人堕落的借口，要么可以成为其奋力去超越它的动力。（并不是一个人所处的环境条件，而是个人面对这一环境的态度决定了它们是失败的处境还是成功的动力。）

优雅是审美感受的能量表达方式，而能量总是与优雅同在的，不管这优雅是体现在线条的美感中，还是体现在表达形式方面。我们通常认为，优雅是典雅、精致和省力原则相结合的产物。我们惊叹奥运选手的风度翩翩，就像哥特式拱顶能够使我们精神振奋一样。优雅的能量模式认可生命，为生命提供支持，并且尊重和维护他人的尊严；优雅是无条件地爱人的一个方面。优雅也意味着慷慨，这慷慨不仅仅是物质上，还包括精神上的。比如说乐于向别人表达感激之情，并承认别人在我们生命中的重要性。优雅总是虚怀若谷，谦虚谨慎。能量无需逞强，而负面能量因为缺少自信，却总是需要自我夸耀。伟大的艺术家们，不管其艺术表现形式为何，总是对他们的能量充满了感激。因为他们懂得，这是应该被用来造福人类的恩赐，它意味着对他人的责任。

在历史的不同时期，在各种不同的文化中，美的表达形式各异。所以，我们有足够的理由说，是不是美丽，还得看谁来欣赏。然而，我们理应注意到，变化只不过是美的载体，美的本质是亘古不变的，变的只是它赖以存在的形式。有意思的是，具有超前意识的人能够欣赏各种形式的美，在他们眼中不仅所有的生命是神圣的，所有的形式也都具有美感。

第十四章　天才和创造力的能量

创造力和天才,是强大的高等吸子能量场的特点。没有什么能够比创造力和天才,与新的形态发生场的创立、封闭宇宙的延展如此密切相关。事实上,它们也是创造力和天才的显性领域。然而,这些密切联系的过程,还被神秘性包裹得严严实实。关于创造力和天才的本质,缺少足够的信息。

人类历史记录了人类努力去理解真理的过程,而对于那些天才而言,真理却是显而易见的。所谓天才,就是一种意识的类型,其特征是具有获得高等吸子能量模式的能力。这并不是一种人格特征。这并不是个人“拥有的”什么东西,甚至都不是个人“是”什么。那些被我们认定为天才的人,都拒不承认这一点。天才的一个共通点就是谦逊。天才通常将其洞察力归结为一些更高的影响。

天才激发的过程,首先主要是设计一个问题,然后等待一个无限意识的间隔来予以解答;电光石火间,答案就以一种无可言说的方式油然而生了。历史上那些伟大的音乐家声称,他们并不是有计划地谱曲,而是将自己在心灵中听到的写下来。有机化学之父凯库勒,在梦中看到了碳环有机核的模型。爱因斯坦灵光一现，其革命性的智慧就产生了，随后他又花了几年的时间，将其用可证明的数学公式表达出来。天才的主要问题之一，就是在于怎样将在个人头脑中闪现的灵感，转换为其他人都能理解的可见表达。对于天才来说，这一启示通常是完整的、不言自明的。但是他们或许要终其一生，才能使其他人都明白。

那么，天才的启发似乎是从顿悟中得到的，而不是出自构想，但是其间有一种不可见的过程。虽然天才的心灵或许看起来有些失控，为此问题精疲力竭，饱受挫折，其实他们所做的就是把场准备好。就像禅宗一样，同理性的斗争，最终会导致一种理性的困境；而摆脱这一困境的惟一道路，就是从低等吸子能量模式跃升至高等吸子能量模式。

就像音调有和声一样，吸子能量模式也拥有谐音。谐音频率越高，能量越大。天才到达的层面，是一种新的谐音。人类意识的每一次进步，都是从低等吸子模式跃升到高等的谐音状态。一个问题一经提出，就激发了一种吸子场，答案在其谐音之中。这就是为什么说，问题和答案只不过是一个硬币的两面。除非一个问题的答案已经存在，否则一个人没法提出一个问题，不然问题的形式就无法找到一个合适的模式。

举世公认的天才也许是凤毛麟角，但是我们所有人身上都存在某种天赋。在这个宇宙中，没有所谓的幸运或是意外。不仅万事万物相互关联，而且也没有人能在宇宙之外。我们都是宇宙的成员。就像物质性一样，意识也具有普遍性这一特质。因为天才是意识的一种特质，因此天才也具有普遍性。具有普遍性的事物，对于每个人来说都是可用的。

创造性和天才的流程，都是人类意识所固有的。由于在每个人内心深处，其意识本质都是相同的，天才就是潜藏于我们体内有待开发的潜能。只待正确的条件出现，它就能得以表达。我们每个人的生命中都有瞬间天赋的闪现，但这一点或许仅限我们自身，或者我们周围的人知道。突然之间，我们能做出一个非常明智的做法或决定，或者在正确的时间语出惊人，而却不知道这一切是因为什么。有时候，我们想要为这些意外事件祝贺自己，但是实际上我们并不知道它们是从何而来的。

天才通常经由视角的变化，即语境或模式的改变，得以体现出来。他们苦苦思索一个难以解释的问题，提出一个问题，随时准备接收答案。在不同的文化中，在历史的不同时期，这一答案的来源被冠以了许多不同名字。在西方文明中的艺术领域，它通常被认为是给予人灵感的希腊女神缪斯。那些为此灵感虚怀若谷、心存感激的人，还能继续得到天才的青睐。而那些居功自傲的人，很快就会丧失这种能力，或者为成功所累。就像高压强电一样，高等能量，在处理时也必须心存敬畏。

因此，天才和创造力作为一种见证，是一种主观体验。这是一种超越了个体自我的现象。施展天才的能力是可以习得的，尽管通常只是通过一种痛苦的放弃，在苦苦地思索那些不可解决的问题，徒劳无功之后，从绝望的灰烬之中，天才这一凤凰就涅槃重生了。胜利来自挫折，成功来自于失败；而真正的自我尊重，是来自于谦卑恭顺。

试图理解天才的一个问题在于，它需要与天才相仿的才能去理解它。世界通常无法全然认识天才。社会通常为天才的工作欢呼喝彩，高度评价，却无视创造出的作品本身也有其内在的天才。除非一个人能认识到自身具有的天赋，否则他就难以理解他人的才能,因为我们只能看到那些我们所认识的。

天才是我们社会中尚未开发的最大资源之一。天才是个人性的,除此无其他特殊。有伟大才能的人,常常拥有多种才能。一个天才在很多领域中都是天才,对各种各样的问题都可能有答案。社会由于不知如何发掘天才,由此遭受了巨大损失。天才无须花费太多去维护,因其源泉是客观存在的,真正的天才很少在意名利。但事实上,社会对待天才,要么漠然置之,要么视如仇敌。

那些我们称之为天才的人,其生活方式一般都很简单。天才都赞赏独创性的智慧资源,主张对其充分利用,因为他们珍视生命,看到了所有生命形式的内在价值。既然时间和资源都很宝贵,那么用来做任何不必要的事情都认为是浪费。因此,天才通常过着一种非常宁静的生活,除非有不得已的原因,一般不愿意外出。如果你早就“有”了某种事物,你就不需要再去“要”了。天才,因其有无尽的源泉供给,只需要很少的体验就可以了。(这种简单,似乎也是很多真正意义上的成功的一个共同特点。)这种非物质性的基础,这种看似的天真烂漫,是对于宇宙本身的本质的彻悟:支持生命的也被生命所支持;生存是毫不费力的,给予和接受是浑然一体的。

天才通常被认为是出了名的不合常规、行为怪癖。确实,那些拥有天才的人们,他们认同高等吸子能量场,人生观迥异于我们常人。因此对他们来说,事情的意义便有所不同。这些天才,由于具有我们所无法理解的洞察力,通常充满灵感,思维活跃。

天才不是明星,那些取得卓绝成就的天才只是极少数人。还有许多天才,这样的成就他们无法企及;许多都默默无闻,实际上还可能都没有受过普通高等教育。这一群体的特点是,他们能够将自己的体验运用得淋漓尽致,并通过专注和奉献精神,达到一种很高的娴熟与精通。很多富有成效的天才,直到其逝世之后数年才得到认可。实际上,天才在其在世的时候,通常会给其带来不幸的后果。

天才的特点之一,就是拥有循环往复的强烈激情。一旦灵感袭来,趁着其在头脑中依然清晰,为了解决问题,天才通常一天工作 20 个小时。在这些活跃的思维活动中间,还穿插着明显的停滞,而后者实际上是在酝酿,这是创造过程必不可少的一部分。因为如此,天才的性格有时会显得很极端。天才们明白,需要找一个空间以便使思想明确化。在这一过程中,天才通常会显得很心不在焉。创造力在合适的内部环境中迸发,而不是外部。我们都知道很多人是在高速公路上开车时,突然想出了一个复杂问题的答案。

许多人之所以无法识别天才,也无法使自己的天分充分利用的一个主要原因,在于大多数人都将高智商同天才混为一谈了。这是一种严重的误解。如果只是将天才看作人类活动的一个特定领域内具有极高悟性的人,这将对我们更有帮助。对于 IQ 的误解源自于一个事实:很多数学和物理领域里的著名天才,确实智商都非常高;然而,在这些领域中,高智商是理解这些工作所必需的前提。然而,也有许多与智商无关的艺术上的天才、音乐天才、设计天才和发明天才,以及许多其他领域的天才,他们革新的创造力限定在了某一区域。

让我们记住,IQ 只不过是衡量逻辑上理解象征和语言的学术能力的标准。判定一个天才,价值观要比其 IQ 更精准确切。

从我们的研究结果看来,天才的目标和价值观念要比其他任何事物都更符合高等吸子能量场。更准确地去识别天才,我们可以用毅力、勇气、专注、强劲动力和绝对正直,仅仅有才能是不够的。要获得卓越,就必须要求有异乎寻常的专注与奉献精神。简而言之,天才是能够响应自己内心要求,超凡脱俗的一种能力。所有天才,不管是杰出的还是不杰出的,都遵循如下公式:做你最喜欢做的事情,但是要在你的能力之内将它做到最好。

第十五章　真正的成功

很多天才人物在被大众发现和过度赞扬之后，他们的事业也就成为了悲剧。这说明，成功确实存在，而后还有真正的成功。前者通常危害生命，而后者则会提升生命质量。真正的成功，使人富有生气，支持生命。它与纯粹个人的造诣无关，但是个人的成功，获得一种成功的生活方式，不仅自己得益，还能使周围所有人受益。成功人士的成就，向他们的生活中注入了激情和能量。

与之相反，小报上所谓的成功，通常会侵蚀“成功”人士的健康和人际关系；在相对富裕的人群中，精神危机随处可见。但是，社会所谓的成功仅仅是成名，而成名具有的破坏力都有据可查。知名人士，不时会遭遇婚姻失败、吸毒成瘾、沉迷酒精、自杀以及英年早逝，等等。如果我们列举出所有职业生涯中充满了悲剧的名人名单，估计会写满数十页。影星中有朱迪·嘉兰、玛丽莲·梦露和詹姆斯·迪恩；歌星中有猫王埃尔维斯·普雷斯利、詹妮斯·乔普林和吉米·亨德里克斯；作家中有爱伦坡、杰克·伦敦、海明威和斯柯特·菲茨杰拉德……这张单子可以罗列很长很长。除了这些尽人皆知的、名人为名望所付出的代价的例子之外,还有无数不那么出名的“成功”人士被吸毒问题,或者扭曲的性格所毁掉。这些从前正派的人,一旦成名,就变得虚荣、残酷、自我为中心,以及异乎寻常的放纵。

并不是这些名人拥有太多的财富,太多的功名利禄,或者过多的关注,而是这些事物带来的影响,扭曲了自我,强化了我们称之为小我而非大我的意识。小我是我们生命的组成部分,它易受恭维。大我是我们的天性中更为高级的一个方面,它谦逊恭顺,感激成功。小我符合虚弱吸子模式,而大我则与高能量的吸子模式相关。

成功到底是能提升还是破坏我们的生命,并非取决于它本身,而在于它是以何种方式融入我们的人格。我们是谦逊还是骄傲,是自以为是还是心存感激,是认为自己的才能比别人卓越,还是将其视为馈赠,为此心存感激——这些才是决定性的因素。我们都知道一些人,仅仅取得了一点小小的成就,就骄傲自大、发号施令、充满控制欲——这一点小小的成就,是堕落败坏的;我们还知道一些人,他们有着更大的权力,却为人亲切热情、心思细腻、充满爱心。

如果我们慢慢了解了世界上最有权力的人、工业界巨头、金融公司总裁、诺贝尔奖得主和富有传奇的美国家庭的成员,就会发现他们中许多人都思想开放、真诚热情,将成功视为一种责任,即“贵人行为理应高尚”。这些才是真正成功的人。他们对所有人都彬彬有礼、体贴周到,不管对方是来访的当权者还是仆人雇工,都一视同仁。真正的成功人士,并无意于行为傲慢,因为他们并不认为自己比别人强,只不过是更幸运一些而已。他们将自己视为管理者,这是为所有人的利益而去施加其自身影响的一种责任。

是什么使得这些真正的成功人士如此和蔼亲切、思想开放和乐善好施呢？这一点可以通过因果规律的公式解释清楚：

真正的成功人士认同于 ABC。他们意识到，它们是一个通向外界成功的通道。因为他们行为符合成功的源头，对失去成功便无所畏惧。但是，如果一个人认为他的成功是在 A→B→C 这一领域内，他就总会缺乏安全感，因为成功的源头是来自于“外界”。坚如磐石的信心，来自于懂得成功的源头——“内在”。因为相信能量的源泉来自外界，一个人就会变得软弱无力、易受伤害，也因而变得心怀戒备、充满占有欲。真正的成功源自内心，与任何外界环境无关。

成功的阶梯，可以分为三级。最初，我们的“财富”真正有意义，地位主要取决于物质财富这一可见标记。随着一个人不断成长，地位就取决于一个人的“行为”，而不是“财富”。在阶梯的这一层级，一个人的地位和活动，为其带来了重要的社会地位。但是，当一个人驾轻就熟，变得成熟，社会角色的吸引力也就随之褪色。一个人取得何种成就，这才是重要的。一个人最终变成什么样，仅仅与其生活经验的结果相关。这些人所具有的人格魅力，是他们内心能量魅力的外在表现。有他们在场，我们能够体会到他们所符合和反映出的强大吸子能量模式。如果一个人在生活中能符合高级能量模式，成功也就随之而来了。

相比较而言，为什么真正的成功毫不费力？这就好比电流在电线中流动能产生磁场一样。电流的能量越强，它所产生的磁场就越强。在它周围的所有的物体都会受其影响，很少有人能位列榜首。然而，平庸的世界里充满了激烈的竞争，而金字塔的底部则是异乎寻常的拥挤。富有魅力的赢家四处受人追捧，而输家则苦苦混迹于人世。充满爱心、仁慈和善、周到体贴的人，他们的朋友总是数不胜数。每一个领域的成功，都反映了他们坚持了成功的原则。现在，我们每一个人，都能够感受得到使人成功的强大能量模式同导致我们失败的微弱能量模式之间的区别。

第十六章　身体健康和能量

如果我们拥有智慧,同时也会健康、富足。但是,什么是智慧呢？据我们的研究表明,智慧是与高功率的吸子能量模式相适合的状态。尽管在平均寿命中,我们发现了能量场的混合,有着最高能量的模式还是占了上风。现在,我们已经拥有足够的资料,能够介绍一种非线性动力学和吸子研究的基本理论:吸子创造环境。实质上,一个人的动机起源于其所遵循的原则,而动机决定了一个人的理解力,从而赋予了行为意义。

若论坚守原则带来的影响,应属生理方面最为显著。如果行为与高能吸子模式相符合,则人就会身体健康;反之,则易生病。这种症候非常特殊,可以预见。通过一个示范得出,高级吸子能量模式能够强身健体,低级能量模式能够削弱身体健康,这符合百分之百可复制的科学原则;而这一点,已经为我们的学者所熟知。

人类中枢神经系统极为敏感,能够清楚地将支持生命的模式和破坏生命的模式区分开来。高能量的吸子能量模式,能够强身健体,还能分泌内啡肽,营养身体所有的器官。反之,不良刺激会释放肾上腺素,抑制免疫反应,即刻造成某些特定器官的无力和弱化。当然,这也取决于刺激的性质。

许多治疗方法,诸如脊椎按摩治疗法、针刺疗法、反射疗法以及其他许多疗法,都是基于这一临床现象产生的。然而,所有这些疗法,都意在纠正能量失衡引起的后果。事实上,除非能彻底改变导致能量失衡的基本态度,否则疾病还是很容易复发。

一般说来,身心健康通常与积极乐观的态度相伴,而健康状况不佳,不管是身体的还是精神的,都与诸如愤怒、嫉妒、敌意、自怜、恐惧以及焦虑等负面的态度有关。在精神分析领域,积极态度被称为"有利情绪",负面的则被称为"应激情绪"。长期沉浸在应激情绪中,就会导致身心疾病,以及个人能量的流失。

那应当怎样克服这些负面态度,以避免能量萎缩和健康损害?临床观察发现,病人需要达到一个决策点。必须要真正愿意改变,一个人才能寻求种种不同表现形式的高级吸子能量模式。

一个人若常和愤世嫉俗者交往,断然不能克服悲观情绪。有一个流行的观点是观其友知其人,这是有临床依据的。

传统医学广泛认为,压力是引起人体器官功能失调和致病的重要原因。这一诊断的问题在于,它并没有指出压力的根源是什么。看起来它是要指责外部环境,但它没有认识到,一切的压力都源自于我们自身的态度问题。并不是生活中的事件会带来压力,而是个人对其的反应和解读,才产生了压力的种种症状。就像我们之前讲过的,离婚,既可以带来痛苦,也能带来解脱。工作上的挑战,既能对人是一种激励,又可以使人产生焦虑,这取决于顶头上司是一位导师还是一个恶魔。

我们的态度源自于我们的立场,而后者又与动机和环境有关。根据我们用以解读时间的意义的全部方法，同样的情形，可以是悲剧性的，也可以是喜剧性的。从生理上讲，在选择态度的时候，个人选择的实际是合成代谢内啡肽或者分解代谢内啡肽。

要是宣称对我们健康有影响的只是那些内在的东西，就显得太愚蠢了。物质世界的一些客观因素，也能提升或减弱我们的能量。在这里，人体运动学的测试又可以派上用场。它向我们清楚地表明，人工合成材料、塑料、人工颜料、防腐剂、杀虫剂和人工甜味剂等，都能使我们的身体变得虚弱；然而纯净的物质、有机物或者手工制品，通常能使我们变得强壮。比如说，我们要是拿维生素 C 做实验的话，就会发现有机合成的维生素 C 远胜过人工合成的。用有机饲料散养的鸡下的蛋，较之圈在笼子里、用人工饲料养殖的鸡下的蛋，含有更多的内在能量。食品运动，看起来终究是正确的。

只可惜，不管是美国医学会还是食品和营养国民委员会，在营养领域都不够开通。现在，科学界终于意识到，营养与行为和健康都有关系。但是这么一个简单的观点，却在当年引起了争议。那是 20 年前，我和林纳斯·鲍林在《分子行为精神病学》中提出，营养影响大脑和血液的化学环境，对各种各样的行为、情绪和精神紊乱都有影响。

近来，我发表了一系列论文，最近的一篇是在 1991 年。这是基于我 20 年来的研究成果，证实了通过使用一个疗程的某种维生素，能够防止迟发性运动障碍之类的神经错乱——这是一种常发的、不可逆的错乱，在长期服用强安定药的病人中发病比例很高。在经过长达 20 年的研究，调查了 100 名医生接受诊治的 6.1 万名病人以后，发现维生素 B_3、维生素 C、维生素 E 和维

生素 B_6 的使用，可以将该病的预期发病率从 25% 降到了 0.4%。(这 6.1 万名在治疗中服用了大剂量维生素的病人中，只有 37 名病人，而不是预期的将近 2 万，出现了这种错乱。)

但是在美国，这一论文基本上无人关注，因为这一论断至今还没有相应的模式可以证明。医务工作者对营养完全不感兴趣，医学界早就有对创新者非常漠视的传统。请记住，尽管铁证如山，但坚决地捍卫一种业已建立的观点，是人性的一个弱点；对待这种不予认同，惟一合理的途径就是接受。一旦我们真正意识到了人类的境况，我们就会报之以同情，而不是以前所认为的谴责。在所有能量吸子模式中，同情心都是最高的层级之一。正如我们将看到的，我们的理解、宽恕和接受能力，同我们自身的健康密切相关。

第十七章 健康和发病过程

长久以来,人类早就形成一个共识,很多疾病是和某些情绪和态度有关的。举例来说,在中世纪人们的观念里,“忧郁症”是由于肝脏受损而使精神长期处于过度悲伤、低落的状态导致的。而现代人则认为,许多身体机能失调则与精神紧张密切相连。

情绪确实能引起生理反应,这一点早就有明文记载过。在精神分析的早期发展过程中,确认某种特定疾病与特定心理冲突的联系的研究,引发了身心疾病研究这一整个领域的兴起。我们都曾听说过,心脏病和 A 类性格与 B 类性格之间的关联,也都知道压抑的愤怒常常会导致高血压和中风。推想起来,情绪能通过改变位于大脑不同区域的神经递质改变荷尔蒙的分泌,而大脑不同区域又通过植物性神经系统控制着身体的不同器官。

近年来,由于担心艾滋病在全球蔓延而进行的研究,极大地推进了人体免疫系统研究进展。现在普遍认为,长期的压抑导致胸腺活动受到抑制,进而导致了人体对抗外来病毒的防御系统受到破坏。但是,多个与此课题相关的研究,都未能发掘出人的信念体系、态度及二者的认知范围的合力形成的知觉之间的关系,正是后者,决定了个体生命经验的本质。压力的病因通常跟生命有机体自身特有的、对待刺激的反应的倾向性有关。通过借鉴早已为我们所知的、并在运动机能学和针灸研究方面得到了临床验证的数学的分支非线性动力学和吸引子领域的研究成果,我们最终得出了一个有关发病过程本质的理论公式。

一个念头,或者一组想法,在意识中以态度的方式呈现。随着时间的流逝,这种态度会历久弥坚。而这种态度,与其相应的吸子能量场是强大还是微弱有关。其结果就是对世界的感知,即恰当的事件触发了特定的情绪。所有的态度、想法和信念,都与通向身体所有器官的不同途径有关,这被称为能量的"经络"。人体运动学测试证实,特定的穴位同特定的态度有关,反过来,经络是特定的肌肉和身体器官的能量通道。传统上,特定的经络是按照它们向其输送能量的器官命名的,比如心经和胆经等。

这些至关重要的内部能量交流,其实并无神秘之处。这一点,在几秒钟之内就可以得到证实,并让所有人都满意。正如我们知道的,如果你头脑中有一个消极的想法,一个特定的肌肉就会变得软弱无力;相反,如果你将其替换为一个积极的念头,这一肌肉立时就会变得强壮有力。这种身心之间的交流是直接的,因此作为对思想及其相关情绪的反应,身体的反应在不停地变化。

我们所提到的"对初始条件的敏感依赖"这一规律,是从非线性动力学及其数学中得出的。我们会记得,这一规律描述了这样一种方式:即在输入模式中,一个微小的变化,都会导致最后输出时的巨大变化。这是因为,随着时间的推移,在一个循序渐进的变化模式中一个细微的重复(如果能量呈对数级增加),有时就能飞跃到一个新的和谐层面。这一细微变化的影响,得到了进一步扩大,直到最终影响了全身的系统,随后一个全新的能量模式就产生了。或许,这一新的能量模式,又以相同的程序,进一步引发了新的变化,以此类推。

在物理学的世界中,这一进程被称为"湍流",而且这也是大量调查研究的主题。尤其是在空气动力学中,这是物理学和数学的一个共同研究的焦点。这种湍流,当它在人类意识的吸子能量场中发生时,就会产生一种情感冲动,这一情况将持续到在一个崭新层面上建立了体内平衡。

倘若心灵被一种悲观的世界观所笼罩,最直接的结果就是输入到身体不同器官的能量流会产生不断重复的微小变化。全身生理系统这一细微领域,其复杂功能会受到诸多因素影响,比如电子转移、神经激素平衡和营养状况等。这些细微变化累计到最后,就能够通过诸如电子显微镜、磁成像、X 射线或者生化分析之类的检测技术加以识别。

我们可以说,思想和态度这一无形宇宙,作为身体的习惯性反应的结果,能够变得有形。如果我们考虑一下头脑中不停涌现的纷繁想法,那么当我们得知就像遗传和环境因素能决定身体状况一样,后者也能从根本上改变反映主流的思维模式,就不会感到惊讶。这就是刺激的持久性和重复性,通过初始条件的敏感依赖这一法则,最终导致了发病过程的可视性。而触发了这一疾病的刺激,却如此微小,以至于我们都无法对其进行检测。

如果这一疾病的形成机制是正确的，那么所有的疾病都是可逆的，只要改变思维模式和习惯性反应就可以了。实际上，纵观整个历史，人类每一种疾病的自然痊愈，都是有据可查的。(美国广播公司1994年4月8日“20/20”节目中，就讲述了这一现象。)传统医学记载了自然“痊愈”，但是从未找出一种概念工具可以调查这一现象。但是即使是非常现代的外科大夫，也极不情愿给任何深信自己会死于手术的病人主刀，因为这种病人不在少数。

据说在戒酒无名会，除非一个主体能够真正转变性情，否则他就无法戒除酒瘾。这种根本转变，首先体现在其创立者比尔·威尔逊身上，他的整个信仰体系经历了一个深刻变革，意识境界有了一个突飞猛进的提升。这样一个态度上的巨大演变，最初是由康涅狄格州格林威治的医学博士、精神病学家哈利·蒂伯特开始正式研究的。他当时正在诊治一个绝望的嗜酒的女人玛蒂·曼，这也是戒酒无名会中的第一个女病人。经过任何已知的方法治疗后，她的性格突然发生了转变，到了一种使人不可理解的程度。蒂伯特记录道，她由一个易怒、自怜、缺乏耐心和自以为是的女人，变成了一个温柔和蔼、充满了爱心和宽容的人，她的例子很有意义，因为它清楚地向我们展示了，不论是在疾病的发展过程中，还是想要治愈任何无望的疾病，这都是一个关键的因素。基于这一发现，蒂伯特写出了一系列的论文，第一篇就叫做《放弃的威力》。

在对从不可治愈的疾病中痊愈的病例进行研究时，发现每一个病例中都存在这一意识的重大转变。因此导致这一病因的吸子模式也不再占上风了。这些重病痊愈所必经的步骤，是由最初100位戒酒者所确立下来的。这就是众所周知的由戒酒无名会所倡导的十二个步骤，也是所有后来的效仿者，即十二步康复小组所采取的步骤。数以百万的病人通过采取这些治疗步骤恢复了健康。这一事实证明，这一经验对于所有疾病的发病过程都具有普遍适用性。卡尔·荣格给罗兰的建议是，“全身心投入到任何吸引你的精神小组中去，不管你相信与否，期望奇迹会在你身上发生。”这一建议，对任何想从疾病中痊愈的人都有用。

在自然痊愈的情形中，通常爱的能力会得到大幅提升，能够认识到，爱作为一种治愈因子，其作用非常重要。在那些畅销书榜单所列举的海量畅销书中，我们被告知，只有学会爱人，才能过一种健康的生活。不过出于自尊心，我们的头脑拒绝变化。只有停止谴责、恐惧和憎恶我们的同胞，我们才能去爱他们。这样一种深刻的变革可能会使我们丧失方向感，这时就需要勇气去忍受成长带来的这一短暂不适。要想从任何疾病中痊愈，都需要心甘情愿地去探索观照自我和生命的新途径。这就包括当信仰体系发生动摇的时候，需要有能够忍受内心恐惧的能力。人类珍视并执著于自身的恨意和不平，要治愈人性，就必须将整个人类拽离充满恶意、攻击和复仇的生活方式。

与标度值低于200的能量场相关的思维和行为的一个最根本的问题是，它们能激起逆反应。可见宇宙一个非常熟悉的定律就是，负面能量通常能引起大小相等、方向相反的正面能量。因此，所有的攻击，不管是精神上的还是身体上的，都能引起反攻击。恶意会让我们作呕，我们总是自己恶意的受害者。即使是内心深处隐秘的恨意，也会对我们的身体产生生理上的折磨。

另一方面，比如像爱与笑，具有治疗作用，是因为它源自于一种更为宽泛和广阔的视角，使观察者摆脱了受害者的姿态。每一个笑话，都能使我们想起我们的现实是超凡脱俗的，超然于琐屑生活之外。比如，黑色幽默就是基于将一个悖论的两个方面加以并列，基本上，焦虑得到解脱以后，剩下的就是笑声。通常，伴随顿悟的就是笑声。喜剧的笑料，就是将幻想与现实进行对比。

相反，缺乏幽默感对健康和幸福有害。笑声能带来接受和自由，这对仰仗负面能量和恫吓进行的统治是一个威胁。对于那些富有幽默感的人，是很难对其进行压制的。要提防那些没有幽默感的人、机构或者信仰体系，哪怕他们宣称自己的目标是致力于繁荣或是和平，他们也总是与一种想要控制和支配的冲动相生相伴的。

就这个观点而言，一个人不能创造和平。和平是解除了阻碍之后的事物的自然状态。很少有人真心将和平当作自己现实的目标。在他们的私人生活中，人们总是喜欢不惜以任何代价来证明自己是“正确的”。一个自以为是的立场是和平真正的敌人。当解决方案是出自于压迫和强权，和平解决是不可能的。

卫生保健领域本身就说明，若试图控制，只会使得它们成为一个新兴的官僚主义的沼泽。复杂的情况代价高昂，制度就像思维背后的态度一样，是软弱和低效的。同非常软弱的吸子场相连的制度体系之所以效率低下，是因为它们内在的不可靠性，因而是浪费资源、冗长繁琐。卫生保健行业充斥着恐惧和规则，它们不堪重负，只能勉强起些作用。任何个体疾病和整个卫生保健行业的治疗，都只能通过不断提升动机、抛弃自欺，以期望获得一种新的清晰的观点。并不存在恶棍，过失在于制度本身存在偏差。

如果我们说健康、高效和兴旺是与现实和谐相处的本质状态，那么就要求进行内部审视，而不是归咎于与系统有关的其他外面的东西。即使它们并不符合牛顿学说，吸子模式遵循它们自己的物理法则：宽恕就是被宽恕。正如我们不断能够观察到的，在一个万事万物都互相关联着的宇宙，没有诸如“偶然”之类的存在，也没有什么是超然于宇宙之外的。因为原因的能量是不可见的，只有显示的效果是可见的，所以才会产生“意外事件”这样一种错觉。一桩突然的意外事件或许会显得很随意，同任何可见的原因不相干，但是，它实际的原因却可以通过调查研究追根溯源。在急病发作之前，总是有明显的征兆；在“事故”发生前，即使是事故倾向也涉及许多细小的准备步骤。

发病过程显示了在心灵运转过程中存在着某些不妥，而这正是能量影响变化之所在。仅仅将疾病视作一种物理过程，将其在 A→B→C 这一因果世界中加以治疗，其实并不能治愈机能障碍，只能是使症状减缓，疗效并不好。仅是通过转变态度，就能使缠绕终身的疾病快速痊愈，也不是不可能的。虽然这一态度转变看起来似乎是在顷刻之间完成的，但是或许需要经过数年的内心准备才能做到。

我们不会忘记，在任何一个完整的系统中都存在一个临界点，在此点上，只需最小的能量就能改变整个系统。即使移动一个棋子，就可能完全改变棋局。我们信奉的信仰体系的每一个细节，都会带来好的或是坏的结果。正是基于这个原因，没有任何状况是无可救药和令人绝望的。某地、某时、某人从我们描述的过程中痊愈了。

对挣扎在痛苦的进化过程中的自我和所有人类心怀仁爱，不仅有助于疾病的康复，而且对于任何重大的意识进步都有益处。只有我们成为治疗者，才能被治愈。只有这样，我们才有望能医治任何身体或精神上的不适。

所有这些，是否意味着如果我们学会了能够无条件地爱人，我们就会永生？遗憾的是，人类身体的细胞质易受自身遗传限制，同样也受制于外界环境。但是从意识水平为 500 及以上的观点来看，死亡只是一种错觉，这是由于肉身的局限产生的视角的限制，而生命是畅行无阻的：意识是至关重要的能量，它能赋予肉体生命，也能够在一个不同的世界超越肉体而存在。

第三部分　意义

第十八章　意识数据库

卡尔·荣格，著名的瑞士心理学家，在观察到原型模式和普遍存在的象征之后，提出了“集体无意识”这一假设。在他看来，这是沉淀在深不可测的潜意识深处人类所有共通经验的集合。[①] 或许，就我们而言，这不过是一个庞大的、潜藏的、有关人类意识的信息库，有着强大的组织模式。然而这样一个庞大的数据库，是一个涵盖了一切人类意识的所有相关信息的数据库，这意味着它拥有惊人的内在能力，绝非仅仅是一个有待被检索的、庞大的信息仓库。这样一个数据库的最大好处在于，不管你检索人类在任何地方任何时间经历的任何事情，只要你“提问”，它基本都“知道”。

这就是所有超理性或者亚理性的信息的起源。不管这信息是通过直觉还是预言，是占卜还是梦境，甚至仅仅是通过“幸运的”猜测得到的。这是天才的源泉，灵感的源头，是包括“预知”在内的心理知识的根源。当然，这一论断是有赖于运动机能学的测试得出的。那些饱受“超常的”或非理性的概念困扰的思想家们，常常会在面对一些符合逻辑或非逻辑的前后矛盾的现

---

① 参见《荣格著作集》。

象时手足无措，因为这些现象若运用同时性、因果规律或者时间、空间这样的牛顿物理学概念根本无从解释。

这是一个比牛顿物理学描述的世界更为广阔的宇宙。这些思想家，他们可能会夜晚仰望星空，找寻自己喜欢的星座，并且乐在其中。但实际上星座并不存在。那些我们熟悉的"星星"，是由若干根本不相关的光点组成的，有些星星离我们远在几百万光年之外，有些位于不同的星系，有些本身就是星系的分界。而另一些，几千年前就业已燃烧殆尽，不复"存在"了。这种种的光源，无论在空间上还是时间上都毫无关联。在观星者看来，这些星座无论是像勺子、大熊或者人形，甚至是这些所谓的"星座"本身，都是真实存在的。当然，黄道带是"真实存在"的，因为这纯粹就是人类构想出来的。占星术也是"真实存在的"，而且它对于很多人而言都是一个相当有用的、启发式的工具，可以解释他们自身的种种问题，也能解释他们自身同他人之间的关系。何乐不为呢？人类意识的数据库简直是一个无穷无尽的源泉。

这个数据库就像一个带有势差的静电电容器，而不是一个只有存储电荷的蓄电池。如果一个问题没有答案，那这个问题就无法进行提问。因为无论问题还是答案都是出自同一模式，因而是完全协调的。如果没有"下"，自然也就不存在"上"。因果规律和"同时性"不是与顺序性共同存在的。荣格用"共时性"这个概念来解释人类经验中的一些现象。① 正如我们从高

① 同时性的意义在于，现实中两个事件并不是偶然发生的，只不过因为它们都有意义，所以在观察者眼中如此罢了。如果一个人的意识提升到500以上，一切事物都是同步发生的。生命中的事件以一种完美和谐的顺序展开。

等物理中了解到的，一件事情在“彼处”发生并不一定引起另一件事情在“此处”发生。相反，它们是同时发生的。

如果不是牛顿物理学范畴内的线性因果关系，那么，这些事件之间的联系是什么呢？很显然，两个事件之间存在着某种看不见的关联，但这种关联跟重力、磁性、宇宙风或者太阳无关。这些事件都包含在一个有足够能量的吸子场中。我们之所以能知道这个，是因为若非如此，这些事件根本就无从观察，更谈不上同时发生，或者说在时间上与另一事件相关。

两个事件之间的“关联”只发生在观察者的意识中——他“看到”某种联系，描述了一“双”事件，进而臆测了某种关联。这种关联只是观察者臆想中的某种概念，宇宙中并非势必存在某种必然的外部事件。除非有一个潜藏的主流形态存在，否则什么也感受不到。因而，所有可以感知的宇宙，都是其自身的一个自行显现。

全知就是无所不能和无所不在。在未知和已知之间没有距离。已知仅仅是通过询问才由未知产生的。帝国大厦首先是诞生在其建筑师脑海之中的。人类的意识就是一个智能体，通过它，一个素未谋面的概念被转换成人类已有的经验，它首先是“一座楼”，而后就一直屹立于时间的洪流之中，直到现在。1933年“发生”在纽约市第三十二大街的事情，已摆在了所有人的面前。直到今天，这个方案的创造者的意识，仍然贮存在我们所有人的记忆之中。这些意识都是完整地存在于我们的脑海，但是却存在于不同的感觉域中。通过将他的概念转换成钢筋和混凝土，建筑师就轻而易举地使我们所有人体验了他脑海中的影像。

我们“正常”人完全忙于将自己置于概念转换者的位置，将其从不可知的 ABC 三个层次，转换成感官可以感知的 A→B→C 三个层次。那些非同常人的个体，通常生活在 ABC 的世界中（他们超越了普通的认知层次，而仅仅生活在虚无缥缈的意识的世界里，我们称之为神秘主义者）。对他们而言，万事万物的源起都是再明晰不过的，他们根本就无意于凡事都弄个清楚明白。日常生活中，这些人通常都富有创造力和拼搏精神，他们勇于开创新的事业，并能移交给别人去放手管理。至于更高境界的人，那些神秘主义者，则断言只有他们的 ABC 的意识世界才是"真实"的，而那个能被感知和观察到的世界是虚幻的。然而必须要指出的是，他们的视角也是受限的。世上并无所谓真实或者虚幻，而是什么是什么的问题。

没有形状的存在是不可想象的，但同时，这又是一种终极现实。它包括阴和阳，隐性的和显性的，有状的和无形的，可见的和不可见的，短暂的和永恒的。因而，真实的世界同时也是"真实的"世界，因为它包含了所有的可能性。所以，创造是连续性的，或者说，根本就不存在什么创造。要探寻创造的"起源"就需要先设定一个时间的概念。若一些事情的"发端"在时间之外，那在时间之内就无从界定。宇宙大爆炸仅仅存在于其观测者的脑海中。

宇宙具有协同性。因为宇宙与人类意识在根本上并无不同，所以我们很高兴能够随意创造任何我们乐于在"那里"发现的东西。问题的关键在于原因本身，这首先就要假定时间隧道、顺序以及一连串的事件是确乎存在的。如果我们跳出时间之外，则根本就不存在任何原因。可以这样说，这个显性的世界就是从一个隐形的世界起源的，但是那样又将思维导向一个误区，即仍然存在着一个从隐性到显性的、前因后果的时间序列。一旦跳出时间隧道这个限制了人类理解有关时间顺序的概念,就无所谓前,也无所谓后。反之,也可以说,显性的世界引发了隐性世界的凸显。在某个认识水平上,这也是无可置疑的。举例来说,如果我们看到电子有序地排列在绝缘空间的一端,质子也以同样的方式平衡地排列于另一端,那我们能够说是哪一方导致了这样一种排列呢?同样道理,医疗是缘起于人类的同情心,但是却不能说同情心是其“产生的原因”。在一个600或者更高层级的能量场中,几乎任何疾病都是可以治愈的。

所有生命和形式的源头,都无可避免地是高于其表现形式的。然而,形式与其源头又并无任何本质上的不同。在创造者及其作品之间,并无任何将其二者区分开来的概念艺术品。正如《圣经》所言,一切存在着和曾经存在过的,终将永恒。

所以说时间,只不过是我们感知业已存在的多维图的轨迹而已。它是随着我们的视野不断推进而产生的一个主观的感觉效应。对于多维图来说,是没有“开始”与“结束”这一概念的。它自身已经非常圆满。事实上,“不完整”这一表象正是其完整性的一部分。即使是所谓的“显露”本身,也只不过是反映了人类关照世界的视角有限而已。没有一个封闭或者显露的宇宙,只是人类意识逐渐觉醒罢了。我们眼中的事件的前后顺序,就像是一个旅人看到风景在其眼前渐次展开。但是“旅人看到风景”只不过是一种比喻罢了,没有什么东西是渐次展开的,也没有什么东西是确实显现的,都是意识的发展进步而已。

在更高级的模式中,这些似是而非的说法都消失得无影无踪。因为这一模式包含了对立的两方,而这对立的两方,也不过是观察者的思想轨迹罢了。这一思想上的超越,在意识层级达到了600及以上之后,自然而然产生。“认识者”和“已知的”这两个概念,本身就是二元对立的,因为它意味着将主客体分离开来。创造了天地间一切有形和无形的事物的造物主,分立为两者之后,蕴含了两者,并合二为一。

本体论其实无须如此穷根究源,毕竟,它只是关于存在的一种神学理论。一旦某人意识到自身的存在,他就已经意识到了生命及其背后的最高级表现形式。只有一个终极真理,所有其余的所谓真理,都只是有限视角和位置下的人工制品衍生出的半成品。“生存,还是毁灭”与选择无关。一个人可以选择做这样的人,或者那样的人,但是简言之,“存在”,这是惟一的事实。

上述所有观点,都被人类历史上不同时代的先贤圣人宣扬过。这些先贤,他们超越了思想意识中二元对立。但即便如此,要是认为非二元论比二元论高明,就又陷入了一种认识误区。归根结底,没有二元论和非二元论,有的只是认识。只有认识本身才是巍然屹立于诸如“存在”或者“不存在”等所有概念之外的。或许如此,因为“存在”本身也是意识臆想出来的。

认识本身甚至是超乎意识之外的。因此,“绝对”也是无从得知的,因为它也超出了人类认识的范围,即超出了意识范围。那些达到了认知高度的智者,宣称这种状态是不可言喻,而且对于不在其语境内的,也没有任何意义。尽管如此,这仍是“实在”的真实状态,亘古如是,概莫能外,只是我们无从得知罢了。这样一种认识,是教化的核心,也是意识发展的最终目的,直至最终实现自我超越。

第十九章　意识的发展

人体运动学针对很多个体做了多次试验，并通过历史分析，得出了数以千计的运算及不可胜数的标度值。由此得出，在全球范围来看，人类意识的平均发展进程，终其一生，也不过能提高五个点。显而易见，个人一生中难以计数的个体经验，通常能被记住的，却没几件。增长智慧的过程，是缓慢和痛苦的。很少有人情愿放弃熟悉的观点，哪怕这观点是错误的。拒绝改变或者成长，才是大多数人的常态。看起来，他们宁愿去死，也不愿放弃自己的信仰体系，尽管正是后者限制他们的思维，使其处于意识的低级水平。

如果如上所述是正确的，那么人类的生存状况又将向何处去？每一代前进五个点，就是我们能够期望的全部？这个令人不安的问题值得关注。

首先，我们观察一下世界人口的意识层级分布状况就可以看到，人类物种中的绝大多数都处于意识层级的低级阶段，仍然仰仗于负面能量去弥补他们实际能量的不足。一些较为先进的种族的文化就展现出了更多的多样性。

不幸的是，大众的趣味注重感官刺激，因此行为也日趋暴力。夜间电视家庭半价收费剧场充斥着凶杀案，在我们的孩子们的成长过程中，这就是他们的精神大餐。在凤凰城，有人提议儿童必须得到父母允许才可以持有枪支，却遭到了否决。结果，1993 年 1 月 1 日的美国广播公司新闻网的新闻介绍说，一个三岁的儿童用手枪杀死了一个三岁半的儿童。

尽管如此，人类仍然可以进行自由选择，因而个体流动还有着很大潜力，也允许经验的多样化，这就使得其他选择成为可能。据我们对高等理论物理的研究发现，显而易见地，非线性动力学以及非线性方程的本质，至少在理论上选择不仅是可能的，而且是不可避免的。不正当的行为就是从不守规则开始的。所有的吸子模式都是互相关联的，可以说，仿佛串联起来的一样。但是变革性的选择到底是怎么产生的？什么是其产生的诱因？谁是制造者？为什么？

成长和发展是不规则的、线性的。我们对成长的本质或者“过程”几乎一无所知。没有人研究过生命本身的本质，只研究过生命的图像和结果。简单的数学已经无法涵盖这一研究，线性微分方程的认识已经接近，但是仍然无法到达其本质。一个简单的种子发芽的过程就仿佛一个神奇的魔术一样，令人惊叹，这让我们无从理解。

正如大家都注意到的那样，个体与集体的成长，既可以是缓慢的，也可以是快速的。这跟束缚无关，却受到心理倾向的限制。一直以来，每个人都有无限多的选择机会，却相对很少有人选择，因为他们需要让他们受人注目的环境。一个人的选择范围，总是受制于其眼界的开阔程度。

语境、价值和意义，仅仅是整个吸子能量场组织内部一个微妙的能量模式网络的不同术语。而这一吸子能量场组织，本身是一个更大的能量场的一部分，以此类推，它也是宇宙中一个连续统一体的部分，最终包含了意识的整个领域。但是这样一个复杂的能量模式，其真正的规模看起来似乎超越了人类的认知，但是它只能被意识水平在600—700之间的个体所理解。它让我们看到，那些具有超前意识的个体所拥有的巨大理解力。

提升意识水平的最重要的因素，是一种心甘情愿的态度。尽管就像人类境况有无数方面一样，改变的动机也为数众多，在面对难题和矛盾的时候，它们总是自发产生的。在某些领域中，刻意创造这样一种僵局是一种常用的策略，比如禅，就是一种提升认识水平的技巧。

在我们的意识刻度尺上，有两个关键性的支点，在这两个支点上有大幅度提升的空间。第一个是200，能力开始提升的初始能级。在这一级，“情愿”开始出现，谴责也停止了，开始为自己的行为、感觉和信念负责。一旦原因和责任都被置于脑后，一个人只能滞留在无力的受害者的状态。第二个是500，它接受了仁爱与客观的宽恕作为一种生活方式，将无条件的善意投向任何人、任何事，没有任何分别。（据说在十二步骤康复小组，没有合理的愤怒。即使有人让你受了委屈，你也仍可以选择对愤怒一笑置之。）一旦一个人下了这个决心，随着他的意识层级得到提升，他就开始体验了一种别样的、更加温和的世界。

一个人的态度能够改变他所体验到的世界，并且有很多方法可以加以验证。乍听之下，这种观点非常不可思议。但是要是用多维图的观点来看，那就是你所看到的，完全取决于你所处的位置。那么，哪个位置才是“现实”？

事实上,这是一个多维的世界。每个视角都反映了观察者所处的独特意识视角。如果你在多维图的这一边,你的观点就很难认同在另一边的观察者。"他想必是疯了!"这句话,是对这一认识鸿沟的常见反应。这个世界不像人们常说的,是一面时空限定的、只有一个视角的镜子,而是一系列有着无限维度的多维图。听觉经验,也是一系列多维信息场的一部分,在那里,所有曾经存在过的声音汇集在一起。物质世界也是可以感知的,它有质感、颜色、维度和诸如位置、形状之类的空间关系。同样,它们每一个都是潜在序列的一个部分,同其他所有性质一起,返回到"时间的尽头"这一存在的原始出处,即"当下"。

我们或许可以说,一个多维图,其本身也是一个过程。在一个三维的多维场中,没有任何东西是固定不变的。那么一个四维的多维场又会怎样呢?它同时也包括了所有可能的实体。想要进行变动,似乎就要穿越时间,但是一旦时间本身要是得到了超越,那么就没有序列可言了。如果所有都发生在当下,就不会产生从此处到彼处的运动了。每一个多维图本身都是一个逐步发展的推进过程,从一个无尽的非线性事件矩阵出发,而它并非是随意相连的,反之是同时发生的。那么,在600—700这一意识水平上,所有已发生、在发生和未发生的,都能被完整的、同时的多维可能性沉默地予以理解。"不可言喻"这一词语,此处开始显现其意义。

举个例子,看看是否可以帮助读者更好地理解这些。想象一下:街角有一个老"流浪汉",站在一个繁华的大都市的一个高档街区中。他衣衫褴褛,孤独落寞,背靠着街角一幢上等的住宅。试着用不同的意识层级的视角观察他,注意他在这些人眼中有何不同。

在最底层的能量级20，即“羞耻”状态的人眼中，这个流浪汉肮脏龌龊，令人生厌，行为可耻。在30即“内疚”的人看来，他自己应该为自己的状况负责。他自己罪有应得，或许就是个骗取社会福利的懒汉。在能量级50即“冷漠”这一级，他的窘况令人绝望，这是社会无力解决无家可归者的确凿证据。在“忧伤”75这一层级，这位老人境遇悲惨，无依无靠，无人理睬。

到了100“恐惧”这一层级，我们或许将其视为一种威胁，一种社会公害。或许不等他犯任何罪行，我们就会打电话叫警察前来。在125“欲望”这一层级，他或许代表了一个普遍的令人沮丧的问题：为什么没有人为此做点什么？在150“愤怒”这一层级，这个老人或许看起来带有暴力倾向；另一方面，他可能还很愤怒，竟然会有这种情形存在。到了“骄傲”175这一层级，他或许会被视作一项耻辱，或者认为他没有自尊心，不去改善自己的处境。在能量级200，即“勇气”这一层级，我们或许积极想象，要是当地有一个无家可归人士的庇护所就好了。他所需要的，只是一份工作和一个住所。在250这一层级，即“中性”，这位流浪汉看起来没有任何问题，或许还觉得他很有趣。我们或许会说，“自己活也让别人活”，毕竟，他没有伤害任何人。在“乐意”310这一层级，我们或许会决定走到街角去，看看我们能做点什么可以使他振作起来，或者决定花些时间去当地教会做义工。在350，“接纳”这一水平，这个人看起来还挺有趣的。他或许能告诉我们一些有趣的故事，至于他为什么会在这里，或许我们永远也不得而知。在能量级400，即“理性”这一层级，他是当下经济和社会病态的一个症状，或许可以就这一主题开展一项重大的心理研究。

至于到了更高水平级，这位老人不仅看上去有趣，而且开始显得友善，甚至显得可爱。或许，我们能够将他视为一个愉快的老人，他超越了一切俗世的束缚，对身外之物无动于衷，面容上闪耀着岁月赋予他的智慧和真诚的光芒，超然如闲云野鹤。在能量级 600 即“宁静”这一层级，它只不过是永恒的自我的一个临时表象而已。

如果接近这个流浪汉，他对这些不同意识层级的反应会随之变化。对有些观点，他会感到安心；对另一些，他会感到恐惧和沮丧。一些观点或许能将他激怒，而另一些，或许使他满心欢喜。他因而会躲避其中的一些人，而对另一些欢欣鼓舞。（这就是所谓的我们在镜中看到的，其实是我们自己的态度。）①

我们的意识水平决定了我们所看到的，对于我们所面对的世界，我们只是被动的观察者。

然而同样正确的是，随着我们将思维的产物构筑在现实之上，我们对于现实的反应，是由自身的意识水平决定的。外部事物或许能够决定条件，但是他们无法决定人类反应的意识水平。我们可以设想一个现今的刑罚系统内更为真实的场景，同样置

---

① 在本章写完之后，有一个有意思的巧合。“一位 75 岁的老人，白胡子都已经被烟熏变了色，却不肯承认无家可归，只是说他暂时没有家，而是在等‘一个朋友’。”他在笔者附近的小区，靠近高速公路附近的公共区域上建立了一个临时营地。他住在那里的一个月中，这位自称赛勒斯的老者，成了一个小有争议的中心。一些居民吵嚷着他住在那里很碍眼，治安办公室认为他有嫌疑，威胁要以非法侵入的罪名逮捕他。另一些人觉得这件事很新鲜，觉得他无伤大雅，为他的特立独行叫好。至少有一位当地居民为他提供了住所。他拒绝求助于社会服务机构，他说，“我不需要任何人，也不想要任何帮助”，但是他接受来自个人的善意。人们给他食物，尤其是三明治。（塞多那，亚利桑那州，《红十字新闻》，1993 年 11 月 27 日。）在治安官的副手给他的最后期限当天，赛勒斯神秘地消失了。

身于高度紧张的环境中，不同的囚犯，因为各自犯罪的原因不同，其反应也迥然相异。那些处于意识水平最底层的犯人，有时会企图在监狱中自杀。其他的人因为其负疚感，会变得神经错乱，充满妄想。在同样的环境下，有一些人会情绪沮丧，闭口不言，并且绝食。还有一些人会双手托头坐着，试图隐藏他们因悲伤而开始涌出的泪水。最常见的现象是恐惧，表现为超出常情的害怕引起的防御，或者是露骨的谄媚。在同一间监舍里我们还看到，其他的囚犯则更精力过剩，狂躁不安，充满暴力和攻击行为。骄傲无处不在，表现为肆无忌惮地吹牛和支配欲望。

与上述情形相反，有一些同室囚犯就有勇气去面对他们入狱的真实原因，开始直面生活。总是有一些人，能够在逆境中顺势而为，试着每天进行一些阅读。在“接纳”这一层面，我们看到囚犯寻求帮助，参加支持小组。一个临时的囚犯，对学习产生兴趣在监狱图书馆中学习，或者成为一个牢狱律师，这种事并非罕见(历史上有些最具影响力的书籍就是在牢狱中写就的)。一些囚犯经历了意识的转变，变得充满爱心、慷慨大度，懂得关爱身边的人。一个犯人，其行为符合高等能量场，并且拥有了深邃的精神世界，或者甚至积极追求觉悟的境界，这种事也不是没有听说过。

我们如何面对这个世界，取决于我们做出的反应。我们成为什么样的人，我们看到了什么事情，都是由我们的意识所决定的。有趣的是，一个人所处的意识层级越低，他就越难以与人进行眼神交流。处于最低级意识层面的人，根本就没有视觉接触。相反，随着我们意识层级的攀升，长久地深深地凝视就成为了一种特性。我们都熟悉那种由于过失而心怀戒备的眼神、带着敌意的怒视以及目不转睛的天真坦诚的眼神。能量和意识从来都是携手并进的。

那我们的意识是怎样工作的呢?它的结构是怎么样的?每个人的主观视角都是独一无二的,这已经被常见的观察所证实。我们都熟悉法学院里模拟审判的例子,不同的目击证人对同一事件各执一词,众说纷纭。意识的工作机制,就像在电影院里看电影一样,真正的放映机是我们的意识本身。在胶片感光剂上面的形式是吸子能量模式,幕布上活动的人物,就是我们感觉得到并称之为"现实"的世界。我们可以说,电影上的构型就是头脑中的ABC吸子场,幕布上活动的画面则是我们观察到的A→B→C这一现象的世界。

这一图示为我们更好地理解因果关系的本质提供了一点借鉴,因果关系是发生在电影中,而不是发生在银幕上的。因为世界通常将其所作的努力,都以A→B→C的方式投射在生活的幕布上,这些努力均告无效,且代价高昂。因果关系来自于不同等级的吸子能量模式,ABC等形态都印在脑海这一胶片中,通过意识显示出来。

意识的本质,其思维、知觉、感觉和记忆模式,都是其长期所处能量层级的吸子能量场的结果。最好记住,这一占主导地位的吸子场是我们自觉自愿做出的选择。这并非是别人强加于我们的,而是个人自己选择的信仰和目标的结果。

我们一致选择认同一种能量场模式,因为它意味着一种特殊的信息处理过程,根据其相应的价值观念和意义,影响着我们所做的一切决定。对于某一水平的视角来说显得重要和精彩的信息,到了另一意识水平,却可能会变得无聊乏味,令人生厌。

这一现象令人恐惧。将现今的科学发现,抬高至万无一失的神圣的位置,反映了我们充满了不安全的感觉,被迫相信在“外界”有一个我们可以依赖的客观世界,我们可以对其加以衡量,普遍预测。

虽然超越了情绪混乱的意识,科学本身,囿于参数限制,但是也创造了另一种概念——失真。科学必须将数据剥离语境之外进行研究,但是最终只有在语境中,所有的数据才有意义和价值。高等理论物理的最终发现,可以经由任何人类知识的有组织的领域获知:一个人愈钻研,发现的愈多,就会发现错综复杂的意识过程其实就存乎我们内心。除却意识本身之外,“外界”其实别无他物。相信别处这一习惯性倾向,其实是我们最大的幻觉,是人类心灵的虚荣心。它使得我们总是倾向于将那些瞬息万变的主题称为“我的”。

客观上,由此可以看出,思想实际上属于意识世界。个体心理只不过是将其在新的排列组合中加工一下。那些真正独到的思想,只是在天才中闪现,并且始终如一地由其创造者发现或者提出,而不是被其臆造出来的。可能存在这样的情形,即我们每个人都是独一无二的,正如没有两片雪花是相同的。然而,我们仍然只是雪花而已。

我们出生伊始,就都继承了人类心灵的条件。虚荣心将它碰巧看到的,悉数授予真实性的许可,投射在生命的影像中。其真正的本质在于,说服我们这一独一无二的体验,就是货真价实的真品。每一个个体,私底下都觉得他对世界的体验是准确无误的。

在对意识水平的讨论中,我们注意到,骄傲的一个消极方面是拒绝。为了保护其“正当性”,每一个心灵都执意否认。这种固执己见和抗拒改变,就使得普通人终其一生都无法前进五个点以上。要想取得意识的巨大飞跃,首先要做的就是放弃“我知道”这一错觉。光无法照射进一个封闭的箱子中去。通常,一个人想要心甘情愿去改变,惟一的途径就是“触底”:当他走完全程,在一个无用的信仰体系中遭遇到失败,才会幡然醒悟。这一惨败能够让我们接受更高级别的意识。如果我们把生活看作一个导师的话,那么它就是我们的导师。除非我们能够虚怀若谷,将生活给予的经验教训彻底加以转变,使之成为通向成长和进步的通道,才不枉我们接受这些经验教训。

我们见证,我们观察,我们记录了这些体验。但是即使是在意识内部,实际也空无一物。意识只不过是将体验到的事情登记在册,它对此毫无影响。意识同生活本身一样,是一个我们体内无穷能量的无所不包的吸子场。我们所相信的一切,对认识的高级层面而言,都是虚妄的。

思想认同于内容。它居功自傲,指责它所看到的,因为对虚荣的思想来说,让它承认它所做的惟一的事情只不过是体验,这让它自觉谦卑。思想甚至都没有体验过世界,只不过是感官向它报告而已。即使是辉煌的想法和最深刻的感情,都只不过是体验罢了。最终,我们只有一个功能:体验。

意识最主要的缺陷在于其无知。意识容易上当受骗,它相信它所见所闻的一切事情。意识就像硬件,可以播放任何放入其中的软件。我们的意识从来都是天真烂漫的,它始终如一、天真朴实、相信别人,就像一个易受影响的孩子。它惟一的守护者是辨别力——仔细观察进来的一切程序。

多年以来，我们已注意到，仅仅是通过观察心灵，往往就能够提升一个人的意识水平。处于观照之下的心灵，会变得更加谦逊，并不再声称自己是“无所不知”，一种意识水平的进步就产生了。谦虚使得人能敢于自嘲，也逐渐不再受心灵的奴役，而转而成为其主人。

一旦认为我们“就是”我们的心灵，我们开始看到我们“拥有”心灵，正是心灵拥有思想、信仰、感情和观念。最终，我们将会彻悟，我们所有的思想都不过是从伟大的意识数据库中借来的，从来就不属于我们自己。现行的思想体系被接受、理解、认可，并且在适当的时候会被那些新的流行观点所取代。如果我们不再看重那些转瞬即逝的观念，它们就无法再凌驾于我们之上，我们也就逐渐能够体验到形式和心灵上更多的自由。这反过来又成长为一个新的快乐之源。确切地说，一旦超越了意识的层级，存在本身的乐趣就得到了充分完善。

第二十章　纯粹意识研究

意识的各个方面都成为了传统哲学中的重要命题，有关意识的一些表达，比如思想或情绪，也成为了一些临床科学的研究主题。但是对意识本身的本质，还是没有在广泛意义上进行临床研究。

医学上仅仅将意识推定为大脑的一项功能。这一点，在下面这句话中有所反映——“病人苏醒了（恢复了意识）”。这种惯常的、狭隘的认识，都假定了意识是一种世俗的物理现象，且毋庸多言、不言而喻。

其中一个反复为人所关注的命题是：人类意识深处，究竟有些什么？生命的能量和认知能力，都是缘起于一种物质基础吗？究竟是人体支撑了意识，抑或反之，意识和生命的能量维持了身体的运转？鉴于提问的角度是由发问者的因果规律这一成见界定的，发问者的意识层级就预设了答案的本质。对于问题，每个提问者都会有自己的答案，而他们的答案，也反映了他们各自的意识层级。

对于一个信奉唯物论的科学家来说，这一问题可能会显得有些荒谬可笑，是一种无果的重复。至于另一个极端的人，那些

"智者"则认为,这一问题是滑稽的,他们认为这一有限的视角甚至让人同情。普通人则会认为双方的答案都有道理,或者相信传统的宗教教义对此问题的回答。

所有关于生命、死亡以及意识终极命运的讨论,都必然反映了讨论所处的时代背景的差别。笛卡尔的著名论断"我思,故我在",反言之则是"我存在,所以我思考"。因为思考是有形的,所以笛卡尔是正确的。有形的东西必定都首先是存在的,所以才会有形。笛卡尔认为,只有意识是有形的时候,才会认识到自身的存在。但是历史上其他哲学家对此持有异议,他们通常声称,意识无"形"无"相",而实际上,"形"和"相"是产生于无所不在的矩阵之中的。现代物理学家对此表示认同,比如大卫·玻姆就曾提出过"封闭的"宇宙和"开放的"宇宙的概念。

假设没有意识的存在,那"形"和"相"就无从理解。也许可以说,"形"和"相"是没有独立存在的知觉的产物,本身是转瞬即逝、受限制的。而意识确是包罗万象、无边无涯的。一个有着起始明确、转瞬即逝的事物,怎么可能创造出一个无形无状、包罗万象又无处不在的事物呢?然而,如果我们看到,"有限"这一概念本身也仅仅是一种意识的产物,而这种意识又缺乏内在实际的支撑,那么谜底就昭然若揭了:有形成为了无形的表达方式。在本体论意义上,意识是"存在"的一个方面,隐含在人之所以为人的概念中。人性只是存在的一种表达方式而已。

我们本项研究的主题就是人类意识的运转方式。虽然意识本身无法捉摸,但它却是人类自身固有的。对于本书而言,其目的就在于如何将意识与行为之间的关系,用一种准确的、有意义的方法清楚地展示清楚,而这种方法又能被科学地加以研究。

所幸，人体运动学以一种不容置疑的方式，向我们展示了知觉通过身体，对于潜藏在意识深处的事件做出的瞬时反应。这一方法可以让我们能够从容地、确定地对人类意识进行标度、记录以及重复试验。

纯粹意识的特征

我们关于意识的观点，跟我们对“自我”的理解相关。“自我”的意识越狭隘，体验的参数就越小。现实的有限模式的影响，在全世界无所不在。举个例子，经过对“贫穷”进行研究，我们发现，贫穷不仅仅是指财务状况的窘迫，而且还包括缺少朋友、语言能力贫乏、没有受过良好教育、缺少社交、资源匮乏、健康恶化和总体快乐指数低。那么，贫穷就可以被视为一种品质，这是一种有限的自我形象导致的资源匮乏的特点。这不是一种财务状况，而是一种意识境界。这一认识水平的能量标度值为60 左右。

自我身份的认同，或者说是体验，可能会局限在对自我身体的认同上。当然，然后我们或许会问，一个人是怎样知道自己有肉体身体的呢？通过观察我们注意到，肉体身体的存在是通过感官感知的。那问题又来了，是什么感知到感官的存在呢？感官向我们传达的信息，我们又是怎么体验到的呢？必定有一些比身体更伟大、更包容的事物，才能感知到比它更低级的存在——这就是精神。一个人认同自己的身体，是因为精神感受到了身体的存在。那些肢体残缺的病人提到，他们的自我感觉依然如故。这样一个人会说，“我还是原来的我。”

接着，问题就来了，一个人的精神体验，自己又是怎么知道的。通过观察和反思，一个人可以见证思想没有能力去体验它们自身，但是，有些超乎于思想之外、更为基础的东西能够体验到连续的思想，但是认同感是不因思想内容的改变而改变的。

那观察和认识到生命中的所有主客观现象的，又是什么？是意识本身，它同认识和体验两者都能产生共鸣。两者都是纯粹主观的意识。意识本身不是由内容决定的，就像鱼儿在大海中游弋一样，思想也在意识之中流动。海洋是在鱼之外独立存在的；大海的内容也并不会界定水的性质。意识像一个无色的射线一样，将其观照到的事物照亮——因此，在世界文学中，它都是与“光明”联系在一起的。

仅仅认同于意识的内容，就是自我体验如此局限的原因。相反，如果认同于意识本身，就会知道一个人的真实自我是无拘无束的。如果一旦超越了这样一种局限的自我认同，自我就可以被视为等同于意识本身，我们就会“觉悟”。

纯粹意识体验的一个特点，就是一种永恒的感觉（或者说是感觉的永恒）。意识体验可以超乎所有形体和时间之上，随处可见。它被描述为“是怎样”或者是“存在”，并且在宗教典籍中，被称作“个体存在”。意识并不承认对立，后者只是个有限的视角。觉悟了的境界是“合而为一”，在这种状态下，没有对立与分裂。分裂只是一个局部视角的产物，是视角的一个偶然事件。

在思想史上，相同的描述同威廉·詹姆斯在著名的“吉福德讲座”中所讲的一致。他将这一意识本身的体验，描述为罕见、独特、不可言喻和“超脱心意”。一个会意的自由思想状态，完整、无所不包、无欲无求，超乎于仅仅是个性化的个人自我体验之上。

纯粹意识的另一个属性，就是普通思想或感情的升华：一种威力无穷的能量、无穷的悲悯、无限的温柔和无尽的爱意。在这种状态下，“小我”升华为“大我”，同时还伴之以对“大我”这一体验自我能力的根源的承认。这种将“小我”与“大我”相结合的认识，是在拔除有限的自我认同这一过程中的最高点。

历史上，对促进自我认识所必须要采取的步骤，做了详细的描述。针对移除障碍，扩展知觉，给出了不计其数的方法和行为。在许多精神戒律的践行中，都可以发现这一点。对于以上宗旨来说，共通的一个过程就是有限的自我认同的逐步消融。

觉悟相对来说较为罕见，与其说是因为如上所述的必要步骤难以践行，还不如说是因为极少有人会对此感兴趣，现代社会更加如此。如果我们在大街上拦住 1000 个人问他们，“你最大的人生愿望是什么?”又有多少人会说“想要开悟”?

高级意识的当今认识

作为一个科学主题，对意识不断增长的兴趣由首次召开的国际会议证实了。这一国际会议主题名为“关于意识的科学依据”，是于 1994 年 4 月 12 日至 17 日在美国亚利桑那州立大学位于图森的健康科学中心召开的。这是一个跨学科的国际会议，与会者都是业内权威。然而，在为数众多的精彩发言和高深莫测的专业主题之中，很少有人对将意识视作一种纯粹的身体现象而对其进行的理性的/唯物的这一解释产生质疑。

其实，人类对于意识这一主题的研究方法，就像人类体验一样，千差万别、形形色色。我们顺便也引用了对于这一问题的现代调查中的许多具有前瞻性的观点。为了更清楚地阐释自己的结论，回顾一下对这一主题研究的当代思想演进历史，可以对我们有所帮助。

各种各样的意识，通常被认为是生物区别于非生物的一个显著特点。生命是可见或经验世界的表达形式。人类体验的整体性，证明了意识是显像的，又是未显像的。形态内部对意识的认识是很常见的，但在形态之外，对于纯粹意识的认识，则是凤毛麟角。

在人类历史上，对于这种空无一物的、纯粹意识本身的"体验"，时常有相似的记载。这些到达这一境界的人，成为了历史上的伟大导师，深深影响了后人的行为举止。这些人，在生命的短短几年之中，千百年来，使得数百万的人认识到语境存在的意义。因为这些教义与感官所体验到的物质世界无关，它们被称作是"精神性的"。

在这一主题引起科学家的兴趣之前，只是精神导师和其信徒关注意识的研究。但是在近 20 年来，正如我们看到的，为数众多的理论物理学家对高等理论物理与非物质的宇宙之间的关联产生了浓厚兴趣。自从 20 世纪 60 年代以来，流行文化焦点的日益深化，产生了一群热心读者，他们热衷于这项研究的副产品，即弗里乔夫·卡普拉的《物理之道》(Shambhala, 1976) 和罗伯特·奥恩斯坦《意识的心理学》(W. H. Freeman and Company, 1972) 等，现在这些书也都成了经典著作。随着形态发生场这一模式的传播，传统上认为罕见的意识的高等境界，现在变得日益常见。最近调查显示，占 65% 的调查者声称有过此前被归为"精神性的"体验。

因为科学在本质上来说，只关注那些可见的现象。尽管历史上有很多伟大的科学家有过个人体验，证实了在他们的工作中产生的纯粹意识的主观经验，经常是具有至关重要的作用。

但是随着非线性动力学的突破性进展，它激发了对于存在与意识本身的本质的求知欲。这在英国数学家伊恩·斯图尔特的《上帝掷骰子吗——数学中的混沌》一书中，就有所体现。“完整的科学”这一崭新概念，成为了布里格斯和皮特所著的畅销书《镜中宇宙》和《混沌魔镜》的主题。最近，天文学家、数学家、脑外科医生、神经专家和物理学家，都沉溺于这些新发现的意义的热潮之中。

我们经常指出，除非知道一个事件先前的背景，或者是掌握了命名这一事件的语言，否则人类无法发现和认知它。这种无能为力，我们称之为模式盲点，它是由于受到语境的限制而引起的直接后果。因而，在物理学界占主流的学科的知识结构的新扩展，慢慢引发了“人文”科学，比如像心理学等学科的新的视角和研究方法的出现。

尽管美国心理学家亚伯拉罕·马斯洛早就提出了“高峰体验”（即一种能够让人在一刹那之间觉得无所缺憾、一切美好圆满的感觉），心理学的经典著作从未论及过意识这一主题。当然，像威廉·詹姆斯的《宗教经验之种种》这种经典著作除外，这是研究精神体验的意识的一部心理学的典型著作。最终，超个人心理学超越了实验和临床心理学的局限，去探究那些纯粹主观的方方面面的人类体验。这些非同寻常的体验或者说能力，常被视为骗局或者幻觉予以忽视，最终成为了超心理学研究的课题，试图通过实验来使得诸如感官知觉之类的经验合法化。

精神医学领域最初起源于试图解决人类行为和疾病中那些不可捉摸的事情，为其找到有形的病因。作为医学的一个分支，精神医学同病理有关；它处理的几乎全部都是较低层次的意识，以及他们在神经生理上的关联。“如是”的意识,是在精神医学的模式之外的。

在医学界,那些着眼于长远的治疗过程,在他们的治疗策略中运用非传统的治疗方法的医生,后来被定名为“身心”医师。起初,这一称谓明显的弦外之意就是,他们是医疗机构中不够专业称职的一群。但是这一领域的先行者们所做的贡献,尤其是在心脏病人的康复,以及运用祷告的方式加速手术病人康复方面,都需要得到严肃的认知。

美国精神医学专家伊丽莎白·库柏勒－罗斯,研究病人报告的死亡和濒死体验这一现象,为业界和公众所知。灵魂出窍经验,也最终成为一个相对的显学,就像有的手术病人报告说在灵魂出窍的时候,他们见证了自己整个手术过程,并听到了手术室里的每一句话。西尔玛·莫斯擅长运用基尔良摄影术拍摄能量场,比如在指尖周围的能量场,她以此而为人所知。她拍摄的照片,描述一整片树叶在一分为二之后其能量体仍然存在,颇具盛名。尽管传统医学不承认除了机械能、电能或者化学能之外的任何能量,但是随着许多医师开始学习针灸,针灸最终在美国卫生领域也获得了一席之地。

和传统医学不同的是,身心治疗方法从人类意识本质的一个更为广阔的背景出发,它更着眼于治愈而不是治疗。尽管他们同近几十年来取得的理论突破之间的联系不太明显,这些身心医疗保健医师所采用的备用疗法,不管是医生也好,还是专业的信仰疗法术士也罢(尽管他们的途径和方法迥然相异),都有一个共同的要素——所有的手法,都不是着眼于影响细胞质,而是那些环绕四周、穿行其间并且决定了身体状况的能量场。

在医学领域之外，我们经常提及的十二步骤自助小组的成功，深刻地证明了能通过实践意识原则获得痊愈。在荣格所著的书中，他首次在罗兰身上认识到，存在着一种能改变令人绝望的境况的能力。这一漫长的治疗过程，最终导致了世界范围内的匿名戒酒运动的产生，而这一运动，恰恰就是高等意识境界中的。荣格向罗兰介绍的那种深刻的精神体验，同觉悟带来的脱胎换骨的升华体验非常相似，也正是罗兰向比尔·威尔逊这位戒酒无名会的发起者传达信息的根本意义之所在。值得指出的是，比尔·威尔逊将戒酒无名会的特点归结为“心灵的语言”。

所有这些在人类智慧的理论研究和应用方面所作的种种开创性工作，都有一个共同点。我们或许还可以认为，他们都有一个共同的缘起。比尔·威尔逊从绝望的深渊中得出的启示，并非是来自于某种概念上的理性，也并非来自其他任何对于自我的集中反思，而是来自于跃升至高等精神境界，来自于将自我提升至一个充满了无限光明和能量的所在。这种脱胎换骨的体验，使得数百万的人得以痊愈，而这仅仅是能量场标度值在600及以上的那些伟人能量的证明而已。正是在这个水平，有形的意识体验开始转向无形，两者在此交叉。

这一无形的能量，这一“高等能量”，是在全世界范围内开展的十二步骤自助疗法以及千百万个康复病例的基础。它同所有那些智力探索的偏远分支具有同样的能量源泉。这些分支已经没有太多向前的推进能量，倒是在想尽办法熬过去。这就是纯粹意识的能量本身。

第二十一章　精神奋斗

借助于目前我们所理解的意识，我们能够重新解读人类精神事业的奋斗。纯粹意识本身，常被描述为“是”、“存在”和“我是”，它们代表了所有存在的无穷潜力、无限能力和无尽的能量源泉，分别被确认为神、上帝和神性。在这个潜在范围内，未显像的以化身的形式成为显像，像耶稣基督、释迦牟尼、伟大导师和大德宗师等。这些人，其能量场标度值为1000或者还要更高。这些个体树立了具有强大能量的吸子模式，我们拥有多维能力的头脑对此做出的全局性反应，就是主体。

在另一些能量不能与此相比，但是也非常强大的时刻，就是那些“普通的”启蒙导师，他们教导我们通向实现“自我”之路。自古以来，“自我”都被先知们描述为无穷无限、缥缈无形、一成不变、无所不在，未显像而又显像。一切存在事物的同一性、完整性和神性，简直都无法同造物主区分开来，后者在人间的能量是一个巨大的吸子场，足以允许和囊括所有的差异波动（自由意志），因而“所有的道路都通向我”。在我们的研究中，所有论述了此点的教义和其他著作，其标度值都在700。

在所有标度值为600的能量场中，平凡的意念都消失无踪。

在线性的时间之外，存在即是“知晓”、“无所不在”和“非二元性”。因为存在没有固定方位，“我/你”这一二元对立和随后产生的对立的幻觉就消失了。这一状态，就是超出了所有认识之外的安宁，是无限的、无条件的爱心。它无所不包，无所不知而又无处不在。它是一种全方位的能量，和“自我”相认同，认识到显像的世界同未显像的世界是浑然一体的。

真正神圣的状态，可以说是始于标度值为500的层级(无条件的爱)，直至无限。那些标度值为500和600多的导师们，通常被看作圣人，他们的意识状态通常被描述为是庄严崇高的。

通过能量值为550及以上的导师在场的“挟带”，那些尚未开悟的信徒，也能进入那样一种崇高的境界——这种体验在很多信徒中都很常见。这种“挟带”就是一种强大的吸子场占据主导地位。一旦信徒脱离了导师的高等能量场，这种状态就将不复存在，直到他本人也达到了更高层次的认识境界。一个意识超前的真正信徒，在他们寻求启蒙的过程中，总是在这种“深受爱戴的人在场”的状态中徘徊进出，起伏不定。不论是在西方还是在东方的文学中，都提到了这种在高级境界中的迷失和向低层意识境界的堕落，并将其描述为“灵魂的痛苦”。[1]

像运动等其他孜孜以求的追求一样，精神工作也是艰苦卓绝的，而且通常为达成此种任务，还会有一些特殊要求，包括非常集中和始终如一的专注。内在工作的困难之处在于，它要求挣脱熟悉的低等吸子能量场的吸引，而将自己置身于高等吸子能量场的影响之下。几乎所有的能量场以及同其相关的行为，

① “灵魂的痛苦”是贯穿基督教经典著作中的主题。

都引发了特殊的自助组的产生。所有这些自助组都一致认为，离开一种特定的精神语境，痊愈几乎是不可能的。一般说来，在意识提升计划中，有一个公认的格言，即"除非一个人讲真话，否则他就无能为力。"所有具有精神导向的自助小组都要求首先实现这一步。他们一致认为，开放的思想和心甘情愿的态度，是意识进步的必需前提。换言之，一个人只有达到200这一能量级，他才有希望得以痊愈。如果在低于200能量级之下流连徘徊，就可能带来一种真正的危险，使得一个人深深地陷入其中，无法自拔。当然，也并不总是这样：历史上曾有许多个体，他们从精神的泥潭中幡然醒悟，跃升至高级意识境界。

这样突如其来的惊人进展，在现代社会中仍时有发生，正如我们已经看到的比尔·威尔逊的例子。他有过这种切身体验，并且成立了戒酒无名会。这种体验的特点是：一种彻底的意识转变，挣脱低层吸子能量场的束缚，以及认识境界的升华。（这一类型的体验，在戒酒无名会成立初期很常见。因为那时的成员多因酗酒损失惨重，"奄奄一息"。而现在大多数新加入的成员，程度大多都不甚严重，因而这种情形比较少见。）

正如高等能量场的影响具有合成作用或者说保持增长作用一样，低等吸子场具有代谢作用，或者一种破坏性的影响。在当下的文明中，最常见的例子就是粗鲁的流行音乐的一些形式带来的影响。在我们的测试中，朋克摇滚、死亡摇滚和黑帮说唱音乐使得我们每一个被试者都感到无力，证实了早先约翰·戴蒙得博士的观察结果。据1994年7月4日的《亚利桑那共和报》报道，北卡罗来纳州大学的詹姆斯·约翰逊博士在对学生进行研究后发现，说唱音乐能够增强对暴力的忍耐和倾向，同时使人更加追求物质享受,直接降低对学术和长远成功的兴趣。

在治疗小组和临床上观察到了一个普遍现象,如果滥用药物者还继续听重金属摇滚的话,那就不能痊愈。在对亚历桑那的塞多那农庄(这是凤凰城驼峰医院的一个分院)住院的吸毒病人和门诊吸毒病人进行了一年的跟踪采访后发现,但凡持续听这种粗鲁负面的音乐的吸毒者,没有一个痊愈的。[①] 吸毒者自助小组毫无例外地都建议避免先前生活方式的影响(即其能量场)。这些成瘾者发现,仅仅远离毒品是不够的。这样做只不过是破坏了成瘾的 A→B→C 序列。只要他们不能真正立志脱离这一能量场的影响(音乐和毒品一样,都只不过是其表现形式罢了),他们就不能真正摆脱低级吸子能量模式的影响,即 A→B→C 序列。

那些戒掉了毒瘾的人,一旦离开了自助小组还会故态复萌,这也是在意料之中的。除了放弃组内成员的结合力之外,他们对于自己过分自信,这是复发的一个臭名远扬的症状。之所以复发,是因为这是一个渗透了傲慢和骄傲的态度,标度值为 175,远低于康复所需要的能量场的标度值。

当然,同样的原则在另一个方向运行。追求启蒙的过程,就是寻求最强大的吸子模式的过程。关键还在于意志,在于一种不断重复的选择。混沌理论的“对初始条件具有灵敏依赖”这一原则,就为精神进步的传统方法提供了科学解释。在所有的

---

① 驼峰医院的塞多那庄园,在 1981 至 1986 年之间,治疗了 100 多位可卡因成瘾的人。在 1986 年进行随访中发现,这些病人中那些还继续听重金属音乐的人,没有一位痊愈。

宗教戒律中,要提升个人意识首先需要打开的缺口就是“心甘情愿”。历史和临床医学都已经证明,持久的意愿能触发新的吸子场,允许一个人获得新生。我们可以想象一下,从一个低等的吸子场演进到一个高等吸子场的情形,在这个时候,引入第三个因素(自由意志,选择和演进的决定性后果)突然产生一个跨越,然后就产生了改变。

在东方宗教戒律中,人们通常认为如果没有导师的帮助,信徒自己无法取得如此巨大的进步;戒酒无名会的经验在于,如果没有别人帮助,真正的酗酒者就无法康复;在体育界,优秀的教练广受欢迎,因为他们能够最大限度地激发训练者的能力。一个信徒可以只关注一个优秀的导师,认同其能量场,从而使自己获得进步。在我们的测试中,这一现象重复不断地出现:如果被试者头脑中想着一个优秀的精神导师的形象,那么不管其个人信仰为何,每个人都会变得强壮有力。

通过精神奋斗产生的个人蜕变这一变化,总是超出探索者的能量之外的。伟大的圣人,比如亚西西的弗朗西斯,就说过他们仅仅是外界一个更高的能量的渠道,他们并不为激发了个人主动性而居功,而将其归功于“上帝的恩典”。这充分显示了一个人从意识的低级境界,可以通过“潜移默化”这一方式,跃升至意识的高等境界。

如果一个人突然摆脱了低等吸子场的影响,进入到一个高等能量场,那么就常被称颂为奇迹。人类经验有一个令人遗憾的结论,即很少有人能够挣脱渐渐主宰了他们行为的能量场。当下,最有助于这一提升的、流行的精神计划是《奇迹课程》。这一精神哲学的课程,其目的在于打下必要的基础,从而能够通过视角的全新改变，促进意识的提升。祈祷和冥想，作为更为传统的方式，也能使人脱离低等吸子能量场跃升至高等能量场。

意识能量场在500及以上的医师，就能成为强有力的治疗者，在疗法上取得别人望尘莫及的惊人成功（因而在双盲测试中产生很多自相矛盾的数据）。这些令人费解的差异，表明这一能量的干预，无法用医学界普遍流行的常规因果关系进行解释。在一个多维的世界中，任何一个“孤立”的事件都是宇宙中所有事件的结果。这样一些“事件”不是独立存在于现实之中的。这一宇宙，就是人类的意识，它要求超乎于智力之外的理解力。

纯粹理性上的成就，是文化史上的里程碑式的事件。他们使得人类成为外界环境的主宰，并且在某种程度和层面上，也是他的内部环境的主宰。但是理性不只在一个层面有其局限性。对于层级300的人来说，智慧在400层级闪烁的光辉，是如此令人目眩和令人羡慕。但是很快就会使得超乎400之上的人感到沉闷，因为，对他们毫无吸引力可言。如果从一个更高的视野来审视，对于理性的迷恋是何其沉闷和繁琐，这一点非常简单明了。理性是心灵虚荣的镜子，最终，很少有事情比看到孤芳自赏更无聊。

理性，这一将我们从低级本性的需求中解放出来的大救星，是一个严厉的看守，拒绝我们向智慧之上的层面逃离。对于那些沉迷于能量场400附近的人，理性本身就成为一个上限，成为精神演进过程中的天花板。令人惊诧的是，历史上很多伟人的标度值都在499：笛卡尔、牛顿、爱因斯坦等等。这是一个症结，一个极大的障碍。为了克服它而进行的斗争最普遍，经常是精神斗争中最漫长的。

那些沉浸在理性之中、非常具有前瞻性的科学家,突然取得了重大发现,进入到一个全局的整体性境地——这一点也不是闻所未闻。正如我们所试图展示的,精神世界与非确定性科学和非线性系统的世界是一致的。事实上,我们的研究和这一报告,在设计上是想帮助那些习惯于线性思维和“左脑”思维的人,增强其对于精神现象的理性认识。或许,通过举例说明创造的能量是自上而下,而不是从下而上生成的,我们对于思维进行解析的这一构思,能够从某种程度上阐释终极因果规律的本质。

虽不是擅自断言,我们却也希望能够对读者本性的启示过程有所帮助。我们满心希望,它不仅能够纠正被指定为读者的理性自我的这一虚假幻觉,而且还能纠正其全部意识。在我们的研究中,对测试刺激起反应的是整个人类。尽管被试者的头脑可能对正在发生的事情全无概念,但是整个人类却肯定知道,否则我们的发现就无法连贯一致。这就使我们想起那些优秀的精神导师所观察到的,信徒们只需要发现那些他们自身早就知道的事情。

第二十二章　追寻真理

尽管乍听之下有些讽刺，我们还是要承认，对于日常生活的目的来说，就当前意识水平而言，凡是在主观上具有说服力的，就是真理。在意识的低级层面，命题哪怕是不合逻辑、没有根据，也会被当成真理。还有那些既在理论上无法证明，又在实践中无法实施的清晰信条，也会被当成真理。这并不是只有在极端主义者身上才会出现的现象。部分来说，当然远比我们愿意承认的情况要多，无辜群众常因明显不合乎常理的证据，或者因为目击证人有偏见的证词被判有罪，锒铛入狱。

年轻人受到专门的电视节目和美化暴力的电脑游戏的驱动，其时，他们的父母也遭到成人节目的洗脑。人体运动学测试表明，一个相当典型的电视连续剧中的一集，就能够使被试者产生 113 次变弱反应。这些弱化事件抑制了观察者的免疫系统。每一次弱化，都反映了对观察者的中枢神经系统和植物神经系统的一次损伤，始终伴随着针灸系统的损伤一起出现的，还有胸腺的损伤。每一次损伤，都会引起大脑脆弱的神经激素和神经介质系统的损伤。每一次负面的能量输入，都会导致观察者朝着最终生病的道路上又迈进了一步，并且罹患抑郁症这一世界上最为普遍的疾病的危险也越来越高。

程度微妙的抑郁，要比所有其他人类疾病加起来致死的人还要多。没有一种抗抑郁药，能够根治来源于思想的抑郁。因为这一疾病，并不是因为脑部功能失调才导致的，而是因为来自于对于生命的亵渎的准确反应。肢体反应是身体对于精神的反映，其问题在于将精神奋斗戏剧化了。每个人都死于自己之手。这并非是一个道德观点，而是一个严酷的临床现实。

试图强加一个有关善恶的绝对标准，其实是最大的道德陷阱之一。但是若抛开陈腐的说教，我们可以清楚地指出，但凡标度值在200以上的，都能为生命提供能量，因而从机能上可以称其为善；而标度值在200以下的就对生命有害，不能为生命提供支持，因而在机能上可以称其为恶。通过测试，我们可以证明，像“为达目的，不择手段”之类的错误前提，从操作层面来说，是恶的；然而，很多人都认同这一观点，常将其用作其行为的正当理由——不管是商界的轻微犯罪还是惨绝人寰的战争，概莫能外。这种精神上的模棱两可，最终导致了善与恶在机能上无可挽回的混乱局面，一直以来都是人类社会的阿喀琉斯之踵（致命的弱点）。

如果区别吸子和模拟器的能力，以及察觉不同层次的意识之间的细微差别的能力钝化了的话，整个社会都会变得特别脆弱。因此，权力的滥用就会变成法律，政治上的极端主义者，则喊着正义的口号进行游说。饱受暴力之苦的儿童会成为社会中的犯罪者，这是因为一个混乱的社会，如果缺乏必要的辨别能力去保护自身的意识不受侵害，就几乎没有希望保护青年人和孩子。

一个人的意识水平，是由其坚守的原则所决定的。如果在原则面前举棋不定，就不会在意识水平方面得到提升，或者还会跌落至低级意识层面。权宜之计永远不成其为一个正当的理由。可可，一位灵长类动物研究所的著名猩猩居民，为一位心理学家工作了几年，自己发展了一套复杂的手语词汇系统。她诚实热情，聪明睿智，值得信赖，其诚信度为250。因而，较之这一星球上85%的人，同类人猿可可待在一起更令人有安全感。

对“精神之眼”的伤害，导致了道德观点的暗淡，以及对真理的视而不见。世界上有85%的人，终日徘徊在正直水平以下，这一点使他们饱受折磨。全人类面临的一个大问题，就是要治疗这一精神上的盲点。关于正确和错误这个更直接的“问题”，总是转移我们的社会焦点，它仅仅是作为基于低级意识层面的视角的一部分存在的。必须要教育小孩子们危险的行为是“错误的”；但是当他们年纪渐长，洞察力就将取代道德教育。对于处于意识低级层面的人来说，杀人到底是错还是对，这是一个伦理两难困境；而对于高级意识水平的人来说，这个问题本身就非常荒谬可笑。因此，传统道德只不过是高级意识机制的一个临时替代品而已。当意识水平上升到500以上，作为二元性的一个衍生品，道德教育就变得微不足道；而到了600这一层面，就变得无关紧要了。

要想达到一个纯粹理性的思想境界，就要求意识水平标度值达到400以上，这是一个在世界各国社会中非常有能量的意识层级。弗洛伊德、爱因斯坦和笛卡尔，他们的意识标度值均为

499，这也是人本主义理论的标度值。[①] 但是由于理性容易迷失在自我专注的视角之中，长久以来，它从未能够为人类提供任何可靠的道德，甚至是智力上的确定性。相反，它一次又一次地引领我们，从无知的混沌走向同样令人迷惑的大脑的迷宫。在这个群体混乱的世界上，我们迫切需要一种可靠的、精准的、客观上可证实的准绳，可以借之衡量真理。但愿，本研究能够呈现给大家这样一个工具。持续不断地注入人类集体意识的真理的影响，较之常常不可避免的阴郁观念，给予了我们怀有更大期望的理由。

我们已经证实，意识能够识别任何以 10 为底数的对数级能量变化。这就意味着，在整个宇宙中，没有任何事件，是不能够被敏感的意识所甄别的。人类思想的能量尽管微小，却仍然是绝对可以衡量的。在意识的 100 层级生发的想法，其能量值，通常在 10 的负 8 亿次方微瓦到 10 的负 7 亿次方微瓦之间。另一方面，一个满怀爱意，由意识的 500 层级生发的想法，其能量值约在 10 的负 3500 万次方微瓦左右。

尽管世界上只有 15% 的人，其能量值在临界点 200 之上，但是这些人的集体能量，却足以抵消剩下的 85% 的人口的负面能量。事实上，因为能量值是呈对数级增长的，意识层级 1000 处一个单独的个体，就足以消融所有人类的全部负面能量。人体运动学测试结果如下：

（当今世界，仅有 12 个人位于意识层级 700 这一层面。）

---

① 弗洛伊德的意识水平标度值在 500 以下，因为他拒不相信人类的精神性，而卡尔·荣格，由于其确认了人类的精神本质，其标度值相对较高，为 560。

700 层级的 1 个个体	抵消	临界值 200 之下的 7000 万个体
600 层级的 1 个个体	抵消	临界值 200 之下的 1000 万个体
500 层级的 1 个个体	抵消	临界值 200 之下的 750000 个体
400 层级的 1 个个体	抵消	临界值 200 之下的 400000 个体
300 层级的 1 个个体	抵消	临界值 200 之下的 90000 个体
700 层级的 12 个个体	等同	1000 层级的 1 个个体

如果没有这些平衡力予以抵消，人类社会就会在一往无前的负面能量中自我消亡。在充满爱意的想法（10 的负 3500 万次方微瓦）和一个恐惧的想法（10 的负 7 亿 5000 万次方微瓦）之间的能量差别是如此巨大，以至于超乎人类的想象，不能轻易理解。然而从以上分析可见，一整天下来，即使是几个满怀爱意的想法，也完全能够抵消我们所有的负面情绪。

正如我们所说，从社会行为学的角度来看，不管人们各自声称其信仰为何，真理都是我们赖以生存的一套准则。我们看到，真理有主观性、可行性、假设性和智慧性之分，因此还有真实数据的存在。任何真理的正当性都有赖于既定的知觉角度所在的语境。如果没有意义，真理就没有任何作用，而意义，就像价值一样，依赖于一个独特的知觉场。事实和数据，在某个层面上可能令人心悦诚服，而在另一个层面上，则可能是无关紧要的。接受到的信息的功能有效度，也随着接受者的智力水平和抽象思维能力的不同而变化。真理要想具有可行性，就必须不仅仅是“真实”的，而且是可知的；然而，每一个真理，对于处于其下的意识而言，都是不可知的，然而在其边界之外，真理是不正确的。因而，我们可以得出结论，我们所认识的所有水平的真理，在普通人的功能维度内，就是相关真理，其准确性完全取决于一个给定的参数。即使是备受我们尊崇的“科学真理”，也是有条件限定的真理,因而容易受到质疑和产生错误。统计推理成为了一个宣传工具,任何事情都可以用扭曲的统计数字加以证明,这都使我们的信任度降低了。

有没有一种不争的真理,它自身具有独立的个体条件或语境?

通过本书阐释的研究方法鉴别的真理,其来自于最终源泉中的有效性,其影响力远远超过了任何局部知觉场。它不服从于任何个性或者意见,不随被试者或者环境的任何改变而改变。

无知并不会屈从于攻击,但是可以消失在光芒之下;没有什么能够比揭示真理这一简单行为,更能使谎言大白天下。惟一提升个人能量的方法,就是提升一个人的人品、理解力和同情心。如果众多的人口都能意识到这一点,人类社会的生存和其成员的幸福,就有了保障。

对自己生命的真理负责,其最初的效果是将低等能量场提升至200,而在这最为关键的一级能量开始显现,它是通向所有高等能量场的垫脚石。直面真理的勇气,最终可以产生接纳,而这一层级的能量值更高,为350。在这一层级,有足够的能量能够处理人类绝大多数的社会问题。反过来,这又通向了更高的能量级500,“仁爱”这一层级。知晓了我们自身和每个人身上的人性弱点,就能产生宽恕,进而产生仁爱。仁爱是通向仁慈的路径,也是通向最终认识到我们是谁、我们为什么是在这里和一切存在的最终源头的路径。

第二十三章　决　心

有研究显示，如果能充分地理解和吸收本书所呈现的材料，一个人的意识水平平均就能提高 35 个点。鉴于在这个世界上，人类终其一生其意识平均只提高 5 个点，个体认识中这一增长，本身就有一个巨大的效益。正如高等理论物理和非线性动力学所显示的，在某种程度上，任何个体增长都可以提升这个世界上每个人的意识。

变得更加觉醒，是任何人能给予这个世界的最大馈赠。此外，在涟漪效应中，这种馈赠又返回源头。多个世纪以来，人类的整体意识处在 190 这个危险的水平。正如我们所看到的，在 20 世纪 80 年代中期，它突然跃升至 204，这一水平使人感到欣慰。在历史上，人类第一次可以安安稳稳地从这一水平继续它的精神提升之旅。这一新的希望来得正是时候。

社会混乱和瘫痪，根源在于缺乏赖以做出决定的准则。我们希望本书能够在填补这一空白之路上前行一步。实际上，这就是一篇关于伦理学的文章。我们所说的伦理学，指的并不是一些琐屑的、关于对错的道德判断，而是指在我们生活中的最高行为方面，赖以做出决定和评估的、客观和个人的基础。

举例来说，许多伪哲学的流行著作，如果对其加以测试，结果就非常明显，它们极具负面性。但是即使是预先受到了警告，也不能防止我们在阅读这些书的时候，受到其激活了的隐形吸子能量场的挟带作用。一个人或许认为，他可以通过对这些书籍进行理智上的驳斥，从而保持自己的精神独立。但是，仅仅是阅读这些书籍，就会对人产生深刻的影响，甚至于在理智上拒绝了这些内容之后，这一负面影响还会依然持续存在。仿佛在这一负面影响之中，潜藏着某种病毒，它以一种悄无声息的方式侵蚀着我们的精神。

传统观点告诉我们，不要恐惧邪恶，但也不要同其进行斗争，如果你能够将它识别出来，只是避开就行了。事实上，苏格拉底说，若非具有此种能力，青年人（包括每个成人身上具有的那种青年的特性），就会被低等吸子能量场所腐蚀。尽管他因此而被处死，他的这一说法仍言犹在耳——要想驱散黑暗，不是通过诋毁和攻击，而必须通过增强洞察力之光。那么，最后一件事，就是我们怎样最大限度地培养和保持道德判断的能力。

我们的调查之旅，最终将我们引向一个最为关键的认识——人类缺乏分辨善恶的能力。

虔诚地臣服于这种认识，人类或许就能事先进行防范。一旦我们承认自己容易上当，轻易地就被知觉欺骗，易于被魅力蒙蔽，这至少说明我们开始有辨别力了。幸亏在这个二元的世界，人类还被赋予了一种意识，它能够立刻分辨出什么是破坏性的。只要存在有害刺激，它就能通过肉眼可见的身体上的变弱，将其传达给原本无知的大脑。智慧，最终简化为一个简单过程，就是避开那些使你变得虚弱的东西：没有任何东西是真正需要的。

通过不断地实践这一方法,精神上这一真伪莫辨的盲区,就能够逐渐被一种渐次增长的“直觉神视”所取代。少数幸运的人,生来就具有这种内在的洞察力。他们的生命清明澄澈,不受负面挟带作用的侵扰。但是对我们芸芸众生而言,生命却并非如此简单。我们要花费大量时间去修复那些仿佛能够催眠的、破坏性的吸子造成的损伤。单是戒除一项上瘾,就能耗尽大半生的时间。最为常见、最危险的上瘾就是拒绝相信或接受理论和教义,它通过我们理智的虚荣,使我们愚昧无知。

与它的自大妄想相反,理智不仅缺少辨别错误的能力,甚至即使它具有洞察力,也严重缺乏能够保卫自己的能量。考虑到历史上浩如烟海的理性思辨著作,如果说人类夸大了的理性缺少批判性的洞察力,那么是不是显得甚为不恭?整个哲学领域只不过是证实了千百年来人类为了得出何为对错这一最为简单的认知所进行的奋斗和挫败,否则就这一问题很久以前就应该能达成一些共识了。从人类的共同行为就可以清楚看到,即使理智能够令人信赖地得出这一基本结论,它仍然缺少能够制止负面吸子场影响的能力。尽管理智编织了各种各样半真半假的借口,但我们对于使我们痛苦的原因仍一无所知,因为被这些相同的能量催眠了。甚至,如果一个人理智上明白他的行为是自我毁灭性的,这一认识也无法产生必要的威慑作用。理智上认识到我们的成瘾状态,从来没有赋予我们控制它们的能量。

《圣经》告诉我们,人类饱受无形能量的痛苦。[1] 无声、无形的射线的能量,是由那些看似清白的物体发出的,这是我们这一个世纪的老生常谈。镭的发现者们为此付出了生命的代价。伦琴射线是致命的,就像氡一样,而核辐射,也能杀人于无形。摧毁我们的吸子能量场,尽管要更难以捉摸,同样也是无形的,但能量决不比它们逊色。

如果我们说某人“着了魔”,意思就是说他的意识被负面吸子场所控制,无法自拔。由这一定义,我们可以看出整个社会通通都着了魔,因为他们全然意识不到自己的动机为何。知识告诉我们,一个人要么敬拜天堂,要么赞美炼狱,最终也会非此即彼,成为二者的奴仆。炼狱并非是上帝经由审判,而后强加于我们的一种状况,而是一个人所做的选择的必然结果。不断地选择那些负面的吸子,使自己与爱绝缘,最终地狱就会出现。

佛经常讲,浮生若梦,而众生痴迷其中。绝大多数人都被无形的能量所驱使,而我们中的大多数人,在生命中的大部分时间里,都在为此伤心欲绝。我们祈求上帝豁免我们的罪业,在忏悔中我们得以解脱。悔恨已经渗透到我们的生命之中。那么,对那些不经意间陷入那些毁灭性影响的人而言,怎样才能使其得到救赎?

事实上,单从科学的角度来看,救赎也确实是有可能的。其实,一个充满爱意的想法,要比一个负面的想法,拥有大得多的

---

① 《保罗致以弗所使徒书》,“你们的冲突不仅在血肉之躯中存在,而且在天使之间也存在,在无形和有形的能量之间,同黑暗世界的统治者一起,与天底下的恶魔同在。”《圣经》,George Lamsa 译本。

能量。遵从这一个简单的事实，救赎就肯定能实现。传统的爱与祈祷的方法，是有充分的科学依据的——在人自己的本质中，拥有可以拯救自己的能量。

人性是一种我们所有人都担负的痛苦。我们无可选择地降生到这个世上，都继承了一个如此有限的心灵，以至于很难分清哪些能够提升我们的生命，哪些又将引领我们走向灭亡。[①] 人类终其一生，都在努力超越目光短浅这一缺陷。除非我们的意识境界得以提升，能够超越二元性，目光不再局限于地球，否则我们无法进入存在的高级境界。许是因为我们的群体意志中有超越的意识，所以我们终于发现了一个自身天生的罗盘，能够引领我们走出无知的黑暗。我们需要一些简单的认知，能够绕开那些使我们付出了惨痛代价的、狡猾的智力陷阱。这一罗盘只说"是/否"。它告诉我们，那些与天堂相连接的，能够使我们变得强壮有力；而与炼狱相关的，就会使得我们变得虚弱无力。

随处可见的人类自我，其实根本并非"我"；它只不过是"它"而已。一旦看穿了这一假象，就会发现在一个无尽的宇宙玩笑中，人类悲剧本身也是这一喜剧的一部分。人类经验的讽刺在于，自我拼命地去保住割裂的、个体的"我"这一错觉，即便这在本体论上是不可能的，而这，也是一切痛苦的源泉。为了解释这一令人费解的难题，人类的理性一直殚精竭虑，以求一解。这一解释本身，就是一出主题严肃、含义深长的高雅喜剧，就像一个人试图看到自己的后脑勺一样滑稽可笑。但是自我的虚荣

① 这是一个起点，从此处开始，最终可以到达对我们本质的认识，这就是玛哈茹阿吉大师在1973年《我就是》中所教导我们的。

却是无始无终的，可是要从毫无意义中发掘出意义，这一行为就甚为过分了。心灵，以其自我的身份而言，它并不能理解现实；如若它能理解，那么在它理解了自己这一虚无本质之后，就会立即消失于无形。

但是，通过对彼此这一盲点的同情，我们或许能够学会原谅自己。那样和平就指日可待了。也许我们活着的原因仍模糊晦涩，但是今后的道路却是清晰可辨的。在人类的意识最终跃升至 200 以后，鉴于人类已开始变得对他的知识进而行为更加负责，我们或许可以期待人类文明的巨大转变。不管我们喜欢不喜欢，我们已经开始为此负全部责任。我们已到达了我们集体意识进化的临界点，现在我们甚至可以担当管理意识本身的任务。人类不再俯首帖耳，被动地为自己的懵懵懂懂付出代价，否则我们的集体意识不会上升到新的水平。从今以后，人类可以选择不再受制于黑暗，他的命运就此确定无疑。

附录 A 各章节的真理水平值

第一章……780
第二章……830
第三章……750
第四章……770
第五章……740
第六章……710
第七章……740
第八章……820
第九章……800
第十章……770
第十一章…800
第十二章…870
第十三章……870
第十四章……730
第十五章……760
第十六章……770
第十七章……770
第十八章……830
第十九章……890
第二十章……870
第二十一章…860
第二十二章…880
第二十三章…860

附录 B　人体运动学测试细节

科学的有效性有赖于可复制性。为了确保复制结果可靠，本书所引用的研究中所采用的人体运动学测试方法，都在下面详加描述。约翰·戴蒙得博士在他的开创性工作行为运动学中所采用的方法，其实跟这一方法如出一辙。

步骤 1

测试需要两个人。为了确定一个被试者是否合适，主试者用两个手指快速地向下按压被试者水平伸展的手臂手腕部位，同时告诉他要“抵抗”（即抗住这股向下的力道）。一个正常的被试者能够抵抗住这种压力，并保持手臂与地面平行。

通常，因为之前接触过使人弱化的能量场或者因为健康状况不佳，在面对向下的压力时，有些人就无法保持胳膊的伸展。鉴于这种情况，这些人就不适合做被试者。被试者中一些人能够通过“一、二、三”这一节奏捶打他们的胸腺（在胸骨上方）而得以恢复；同时，要一边微笑，一边想着那些他们所爱的人。然后，他们会变得“强壮”，并能反应正常。但是这一“应急措施”仅能维持四个小时，届时“胸腺捶击法”还需要继续使用。

步骤 2

保持测试环境的客观性。忍住微笑，也不要发表个人评论。保持环境不受噪声干扰，杜绝任何背景音乐，不要让宠物或者儿童打搅。把身体的中线上的金属物品除去，比如像眼镜框什么的。同时也要摘除手表或者珠宝首饰，包括项链。注意避免主试者的香水或者须后水等异常的刺激，这或许会影响测试结果。要集中改善注意力，让被试者闭上眼睛。

步骤 3

如果被试者持续不断地感到虚弱，那就对主试者的嗓音进行鉴定。在正常情况下，如果主试者的嗓音能够使被试者感到虚弱，那么该主试者就无法胜任这一角色。

步骤 4

对可能的被试者先进行探索性试验。要求候选人想着某个他/她爱的人，手臂与地面平行，然后用两个指头向下按压其伸展的手臂的手腕部位。一个正常的被试者会变得很有力，并且能够坚决抵制外力。接下来，让当事人想着某个他/她恨的人，或者某个深怀怨恨的人。一个正常的被试者会变得非常虚弱，无法抵抗住施加在手腕上的力道。用一系列对比强烈的刺激对被试者进行测试，建立反应的连续性，并在主试者和被试者之间发展一种默契关系。一些例子是观念、视觉和听力上的刺激，可以预见其反应结果：

测试虚弱	测试强壮
恨	爱
纳粹标记卍字	美国国旗
黑帮音乐	古典音乐

（详尽的列表，参见第七章）

步骤 5

在确认了被试者的反应可靠、状态也正常之后，通过发表言论继续向下进行试验。通常，可以通过陈述事实来进行提问。就未来进行提问没有意义，因为结果根本不可靠。总是以这一调查陈述作为开场白，“我调查________（一个特定主题）是安全的。”（是/否）这个问题的实质能够通过声称“这是问题的正确形式。”（是/否）得以检验。这一陈述（例如，“被告有盗窃行为”）（是/否），可以由主试者或者被试者提出。每一次提出一个问题，被试者都被告知要抵抗，主试者快速地用两根手指向下压被试者伸展的手臂的手腕部位。

在我们的研究中，我们通常需要很多被试者团队。例如，将20、30或者近100人按两人一组进行分组，轮流做主试者和被试者。同时向所有的团队问同一个问题，或者将其分成独立研究项目小组。在一个100人的团队中（50个两人小组），或许其中有一两人无法获得与其他人一样的结果。可以将他们带到一边，让他们进行如上所述的“胸腺捶击法”，就能使得他们的反应变得正常，然后他们可以重新归队。

采取如上的方法，随着时间推移，测试结果百分之百可以复制。因此，任何小组在任何地点都能得出以上结论。例如，阿道夫·希特勒的形象会使得任何人变得虚弱,即使他们从未听说过他。

步骤 6

试验可以如下进行:将被试品放在被试者的腹腔神经丛附近。可以发现,封在牛皮纸信封中的人工甜味剂、杀虫剂或者甚至希特勒的形象,都会使被试者感到软弱无力。有营养的食物、补益类药品和营养品,以及亚伯拉罕·林肯的密封相片等,都会使被试者感到强有力。

步骤 7

可以证实,测试结果与被试者的知识、观念、信仰体系或者态度无关。例如,纳尔逊·曼德拉的形象,可以使得所有被试者都感到强壮,甚至包括那些憎恶他的种族主义者。即使他们本人并不喜欢它,巴赫的音乐也能够使每个人变得有力。就像重金属音乐能够使所有被试者感到虚弱一样,即使他们个人并不讨厌它。

在过去的 20 年中,数千名临床医师通过在他们的日常临床工作和研究中运用人体运动学方法,观察到了这一结果的可确定性。事实上,这一测定结果比传统医学的传统诊断方法更具连贯性。(比如,运用人体机能学测试方法,一个心脏有问题的人永远也不会在测试中表现强壮,但是心电图有时候却会给出一个错误的正常结果,这已经是一个广为人知的事实。)

附录 C　录像带

文中所述的录有很多不同的测试手法的录像带，可以从如下渠道获得：

维尔出版社

邮政信箱:3516

亚利桑那州，圣多那西区

邮编:86340

传真:602 - 282 - 4789

www. veritaspub. com

术 语 表

混沌理论：研究与状态相对应的过程的科学。这一理论起源于发现了不可预见性的条件的内部模型。这一观点识别的是整体的可能性，而不是局部的事件。在拓扑系统中应用这一理论，可以用模型和图形将一个复杂系统的内部形状可视化。这一复杂系统，虽然局部是不可预见的，但其整体却是稳定的。混沌理论认识到一个复杂系统能够同时产生湍流和相干。

19 世纪晚期，亨利·庞卡尔注意到，如果只研究两个物体间的相互作用，那么牛顿力学是可以用数学精确地进行表示的。但是，一旦有第三个因素加入，牛顿力学的公式就不可靠了，只能得到一些近似值。这种非线性意味着，随着时间的推移，通过反作用和重复，任何系统都会变得不可预测。1963 年，洛伦兹在《确定性非周期流动》中，为这一命名为混沌理论的科学，提供了新的模式。这一名称，是由詹姆斯·约克在其著名的论文《周期 3 意味着混沌》中提出的。混沌理论包含了诸如周期倍增、迭代、分形和分歧等主题，认识到在有限空间之内存在着无限多维。纽约科学院在 1977 年首次召开了研究混沌的会议，并且，在 1986 年科学院召开了第一次研究医学和生物学混沌理论的会议。

语境：整个观察领域都可以通过其视角进行预测。语境包括任何使得一个陈述或事件有意义的事实。除非其语境明确，否则数据毫无意义。“断章取义”就是无视那些使推理有意义的附属条件，从而曲解了一个陈述的意义。（这是一种常见的审判策略，一个律师试图通过隐瞒论断歪曲一个证人的证词，这样就能改变证词的含义；并且要求证人只回答“是或者不是”。）

创造：一个持续存在的过程，既无开始，也无结束。形状和物质的显像宇宙在这一过程中，经过反复迭代，经由三个点产生。所有的一切都是由表现形式无限多样的分形体产生的。（这一点由“曼德尔布罗特集”这一为我们所熟悉的复平面证实了。）在梵文中，所有可感受到的事物的三个起源被称作活动性（Rajas）、惰性（Tamas）和纯洁性（Satva）。印度教中的湿婆神、毗湿奴和婆罗贺摩是它们的化身。在基督教中，是由（圣父、圣子、圣灵）三位一体来表示的。

二元性：物体之间的看似对立，这是有形世界的一个特征。（表现为概念上的对立，比如这/那，这里/那里，过去/现在，你/我等。）这一知觉的局限主要源自于理性受到了固定视角的限制。最终，科学得以超越了观察者与被观察者之间的人为对立，而将其假定为是浑然一体的；而这一人为对立，是17世纪笛卡尔二元性哲学的特征。宇宙没有中心，而是同时从各个点持续均衡向外延展的。贝尔定理帮助证实了这是一个具有同时性的宇宙，而不是在人为的时间框架和距离中，一种牛顿式的因果关系。时间和空间都只不过是隐性高次秩序的一种可衡量的产物。

能量场：在本书中，这指的是由一个吸子场的相空间的参数设定的范围。这一吸子场，是在一个更大的意识场中运行的，并且可由人类行为中的特有效应观察到。能量场的能量，就像电力系统中的电压、磁场和重力场一样，都是可测的。

挟带作用：这是由锁模原则展示的一种现象。当把一些摆钟放置在一起的时候，它们的钟摆最终就会同步。在人体生物学中，这表现为一组女人的月经周期逐步趋同。这就同临近的音叉与第一个音叉的震动频率相同这一现象类似。因为这一原因，所以部队在过桥的时候，都打乱步子节奏。

分数维形：即分形。分形模型的特点是不规则性和无限长。奇异吸子是由分形曲线组成的。一个经典的例子就是试图确定英国海岸线的长度。如果一个人用越来越小的测量单位相加，结果就会得无限长。分形意味着在一个有限的面积之中的一个无限长度。

多维图：即通过将激光投射在物体上，在空间中产生的该物体的一个三维反射影像。先将半束激光投射到物体上，然后再投射到照片底片上，该底片能直接接收到另外的半束光。这样就在模板上生成了一个干扰模式，这样穿过模板的激光射线就会再次生成一个物体的三维影像。有意思的是，照相底片的每个片段都能复制物体的整个影像。在一个多维的宇宙中，每一个事物都同其他事物相连。

迭代：即重复。在无数系统中都有非线性迭代存在。因为这一重复，初始条件中一点微小的变化，就会最终产生一个同原始模型极为不同的模型。在成长方程式中，先验迭代的信息输出，成为下一个序列的输入信息。例如，如果一台计算机能计算到小数点后16位，最后的数字是第17位四舍五入而成的。这一微不足道的错误，通过大量的扭曲了的原始数据的迭代结果加以放大了，所以预测是不可能实现的。（因此，重复的思维模式中一个细小的改变，就能引起重大影响。）

左脑：指代的是线性思维方式，即通常所称的逻辑或者理性。数据处理是以A→B→C的方式进行的，类似于数字计算机。

线性：一种以牛顿力学的方式、合乎逻辑的进展。因此，可以通过微分方程由传统数学求解。

M场：形态发生场，和吸子模式类似。在R·谢尔德雷克提出的假说中，形态发生场是形成动因理论的一部分，形态的能量场彼此加强彼此发展。

神经网络：即在神经系统内，交互神经元之间的连锁模式。

神经递质：即神经系统中调节神经传递的一种大脑化学物质，类似于荷尔蒙等。一点细微的化学变化，就能引起情感、思想和行为上大的主观和客观变动。这是当下精神病学研究的主要领域。

非二元性：历史上所有意识水平在600以上的观察者，他们对现实的描述，与当今先进的科学理论提出的观点不谋而合。一旦超越了固定的知觉运动轨迹的限制，就不再有对立这一幻象，也不再有我们所熟知的时空概念。在未显性的、封闭的、隐性的宇宙中，所有的事物都并行不悖；它们是以显性、开放和明确的感知形式存在的。这些形式在现实中没有内在的独立存在，但却是知觉的产物（即人类只不过是在体验他自身头脑所臆想的内容罢了）。在非二元性层面上，只有观察的经验而没有观察者，主客体是统一的。"你和我"成为了一个自我，得以体验所有的神圣。在意识水平级 700 这一层面，只能说是"一切万有"；这个境界就是存在。在这个境界，一切都有意识，它是生命，它是无限，它是上帝，它没有个别的部分，无始无终。肉体是自我的一个显示，在体验到这一维度的时候，就暂时忘记了现实的存在，因而使得三维世界这一幻象得以产生。身体只是交流共同的手段；将个人的自我等同于身体，认为这就是"我"，是一切未觉悟人的命运，他们因此而产生错误的推断，认为他们是凡人，注定要死亡。死亡本身就是一个幻象，基于错误地将"我"等同为自己的身体。在非二元性观点看来，意识能够体验到其自身，既是显性的，也是未显性的，然而并没有体验者。在这一现实中，惟一有开始和结束的事物，就是知觉本身这一行为。在这个虚幻的世界里，我们就像个傻子一样，相信他一睁开眼睛，事物就存在了，他闭上眼睛，事物就停止存在了。

非线性：时间上不规则，难以预测，"嘈杂"，非周期的，任意的，随机的。能够通过正式随机演化方程之类的数学级数加以阐释说明。比如 $dx(t)\underline{dt} = F(xt) + w(t)$，在这个方程中，$w(t)$ 是随机过程的干扰项。这一项也是数学中的混沌信号，包括确定性非线性系统中时间序列数据的统计分析。非线性意味着弥散和混沌，不符合任何概率逻辑理论和数学公式，用线性方程无法求解。这是混沌理论这一新兴科学的研究主题，该学科引发了全新的非牛顿数学的产生。

矛盾修饰法：用貌似简单、明显矛盾的措辞表达一个复杂或含糊不清的状况。通过将两个互相矛盾的词进行并列和对比，产生解决矛盾的方法，比如“寒冷的火”和“聪明的傻瓜”。矛盾修饰风格，反映了悖论的本质，而悖论本身是来自于对不同程度的抽象进行对比，是由来自不同的语境和观点的概念所引起的。

模式：受到参数限制的语境维度或者场，这些参数本质上能够预测对于现实的认知。一般来说，一个模式就是根据其局限性界定了个人对现实的认知。

相空间：是指将时空数据进行压缩后将其集中在一个多维的模型中。庞加莱映射就是用图形描绘了截面穿过一个多维的模型，这演示了潜在的吸子模式。

右脑：一般来说，这意味着注重整体，能够增强评价、直觉和对于意义的理解力，以及内涵与推理能力。它是非线性的；从模型和关系出发考虑问题，而不是从牛顿力学的因果关系的逻辑顺序出发。

一般认为右脑处理整体而不是局部。就像一台模拟机，它处理的是过程，通常能够脱离时间参数而运行。右脑知觉能够从一个复杂的数据场中辨别出本质，否则就不能得出有意义的认知分析——就像“坠入爱河”或者创造性这一普遍现象。（左脑和右脑这两个术语，本是指两种不同的知觉模式，一度被认为局限在某些脑区。但是正如卡尔·普里布莱姆博士所指出的，大脑思维是多维性的，不存在精确的解剖定位。)

科学的：一种研究自然的方法，专为得出物理特性可预测的规律而设计的。现代科学理论起源于17世纪笛卡儿的《方法论》，随后还有弗朗西斯·培根的《归纳与探索》。这反过来又导致了牛顿的《自然哲学的数学原理》的问世。约翰·洛克首次提到"科学的"这一术语，并且提出交互的物理事件的确定性，是基于身体所感觉的数据决定的。这些概念导致了一个机械的、可预见的宇宙模型，但是这一观点却被现代量子理论推翻了。量子力学声称，在亚原子层面，机会规则被确定性的规则取代了。

历史上曾注意到，科学并非随着广泛认可的理论而前进的，相反，它随着思想模式的更替而产生飞跃。由此可以做出的结论是，科学只不过是某种观点的反映，在观察者和被观察者之间没有实质的对立。相对论理论进一步阐释到，物质等同于能量，它取决于个人的参考点。随后玻姆的《多维模型》断言，明确的顺序是建立在隐含顺序基础上的。形状成为推理的后果，空间和时间都不是固定的，也不存在"这里"或者"那里"(量子整体的非定域性)。宇宙被描述为拥有无限维度和高维度的现实。

随机指数：任意，不可预测，非线性，不稳定的，"嘈杂的"，混沌的。

奇异吸子：由茹厄勒与塔肯斯在1971年提出的理论中杜撰的一个名词。该理论声称，只需三个独立的装置，就足以呈现出宇宙的非线性模式的整个复杂性。一个奇异吸子就是一个相空间内的模型。该模式能用动态系统的动态时间点描绘出来。一个吸子场的中心点，同一个椭圆的中心相似。吸子都是分形的，因此具有无限的长度。吸子的图形被描述为所谓的庞加莱映射的一个横截面。相空间的地形构造，产生了像一个环面似的吸子，就像一个合拢的面包圈。

宇宙：我们的宇宙有可能被视为拥有无限维度。我们所熟悉的、传统上达成共识的三维宇宙，只是一个维度，并且仅仅是我们的感官所臆想出来的幻象而已。行星体之间的空间，并不是空洞无物，而是充满了浩瀚的能量；在一个平方英寸中的潜在能量，可以说是同整个物质世界的所有能量相当。大卫·玻姆曾提议过存在的封闭/开放状态的模型，它有现实的明确序列和隐含序列，同现实的显性/非显性状态一样。数百年来，那些开悟了的、体验了非二元性的智者，都曾描述过这一状态。

在因果关系模型中：

A→B→C 是开放的、明晰的、显性的、可辨的有形宇宙。ABC 是封闭的、隐含的、未显性的潜能，在此之外，是有形、无形的无形和无限的矩阵，它无所不能、无所不知而又无处不在。

结　语

尽管本书提到的这些真理都是经由科学方法得出的，并且也经过了客观的、系统化的整理，但就像所有的真理一样，它们首先也是一种个人体验。一个终身的、一连串强烈的意识状态，从年轻的时候我就开始体验到了，并且指引了我的主观意识过程，最终又体现在了这本书上。

在三岁的时候，我突然对存在的全意识有了体验。这是一种语言无法表达，却又非常完整的体验，我明白了“我是”的意思。随后，我突然有些恐惧地意识到，“我”可能还没有出现。头脑瞬间从一片空白状态醒悟过来，意识到自身的存在。在那一刻，个人自我诞生了，“是”与“不是”这一二元对立进入了我的主观意识。

贯穿整个童年和青春期早期，我对关于存在的这一悖论和关于自我的现实这一问题，始终保持关注。个人自我这一概念，有时候会趁机进入另一个更为伟大的无私的大我中去，最初关于“本无”（或“非存在”）的恐惧，关于“虚无”的根本恐惧，都将受到重视。

1939 年，我在威斯康星乡下当报童，来回有 17 英里的路程。

一个漆黑的冬天的夜晚，我被困在了一场特大暴风雪里。我的自行车摔在了冰面上，刺骨的寒风将报纸从车把篮子里刮起来，把它们吹过坚冰覆盖的、白雪茫茫的田地。我灰心丧气，精疲力竭，大哭起来，我的衣服都冻僵了。为了躲避寒风，我凿开了一个高高的上了冻的堤垄，挖了一个容身之处蜷缩进去。很快颤抖就停止了，我感觉到了一种很惬意的温暖和一种无以形容的安宁。随之而来的，还有一片光芒和一种无限的爱。这份爱，无始无终，与我自己的本质浑然一体。因为意识融入了这无所不在的明亮状态，我浑然忘却了自身和周围环境的存在。我的心沉默无语，所有的思绪都停滞了。一种“无限的存在”铺天盖地，无所不在，而又无可名状，超越了时间而存在。

仿佛过了亿万年，我又被拉回到现实中来，感觉到有人在摇晃我的膝盖，随后看到了我父亲那张焦急的面孔。我很不情愿地回到现实的身体，以及由此产生的一切环境。但是我非常爱我的父亲，因为不愿让他焦虑，所以我将思绪拉了回来。我以一种超然的心态怜悯着父亲的恐惧心理，因为他怕我死掉。尽管在当时，死亡这件事对我来说似乎很荒谬。

我并没有同任何人说起过这份主观体验。没有任何现成的语境可以理解这一体验。我从未听过除了圣人生命中的精神体验外，谁还有过类似的精神体验。但是在这一体验之后，我觉得现实世界开始显得仅仅是临时的，传统的宗教教义失却了意义。并且，令人啼笑皆非的是，我成为了一个不可知论者。

在二战期间，我被派到扫雷艇上去执行危险任务，经常与死神擦肩而过。但是与其他战友不同，我毫无畏惧之心，仿佛死亡在我面前失却了它的威严。战后，我沉溺于思维的复杂性，想去研究精神病学，于是勤工俭学读完了医学院。对我进行训练的心理分析师是哥伦比亚大学的一位教授，他也是一位不可知论者，分析进展顺利，我的事业也是同样，我取得了很大成功。

我曾经患有一种致命的疾病，病情逐渐恶化，任何现有的治疗手段都对它不起作用。在 38 岁的时候，我身体处境极为凶险，知道自己将不久于人世。我对身体并不在意，但是精神极其痛苦和绝望。当我再次醒来的时候，体验到了一种脱胎换骨之感，并为此哑口无言，惊叹不已。

过去的我已不复存在。没有任何个人自我或者是自我，只有一种“无限存在”，它拥有无限的能量，它是一切所有的存在。曾经的“我”被这种“无限存在”所取而代之，我的身体和行为都只被它的“无穷意志”所支配。世界被清晰的“无限的合一”照亮，后者通过一切事物的无限美感和完美表达自我。

我病了九个月。我自身并无任何意志力，不由自主地，我的肌体在有着无穷能量，却又异常温柔的“无限存在”的指引下，自行其是。在这种状态下，就没有必要去思考任何事情。所有的真理都是不言自明的；任何的构想都是不必要的，而且甚至也不可能实现。同时，我的神经系统负荷太重，仿佛它携带了比其电路原来设计的多得多的能量。

在这个世界上，我不能正常生存。在极度恐惧和焦虑之中，所有普通的动机都消失殆尽了。没有什么可追寻的，因为所有的一切都很圆满。名声、成功和金钱都毫无意义。朋友们催促我现实一些，重新开始行医，但是我已经无法提起精神做这些了。然而，我发现我能觉察出人性背后的现实；我看到个人的信仰中存在着情绪疾病的根源，那是因为他们以为他们就是自己的人格。因此，我自发恢复了行医，最终将之做大。

人们从美国的四面八方涌来找我。我最终有了 50 位治疗师，此外还有其他雇员，2000 名门诊病人，25 间办公室，还有研究实验室和脑电实验室，并且每年接诊 1000 名新病人。我被邀请去电台和电视广播网做节目，包括《麦克尼尔和莱尔新闻小时》、《今日秀》和《芭芭拉·沃特秀》等。在 1973 年，在同诺贝尔奖得主莱纳斯·鲍林合著的《分子行为精神病学》一书中，我用书籍这一传统的形式阐述了我最近在做的工作。这一工作，早在 10 多年前，就引起了不小的轰动。

我的整个神经系统恢复得很缓慢，随后发生了另一个现象：一种甜蜜的、惬意的能量从脊柱一直流向大脑，在大脑中产生了一种持续的、强烈的愉悦感觉。生命中的一切事情都是根据共时性原理产生的，演进成完美的和谐状态，奇迹成为一种常态。世界称之为奇迹的事物，其本源其实是“存在”，而不是个人的自我。个人的“我”只是见证了这些现象罢了。更为高级的“自我意识”，比我自身或者我自身的思想都更深刻，决定了一切的发生。

我所体验到的状态，别人也曾提起过。我开始研究宗教教义，包括佛教和其他开悟了的圣贤的学说，还有其他比如像拉玛那·玛哈希和玛哈拉吉等一些近代的精神导师，最后得出结论：我这些体验并非是独一无二的。我突然完全明了了《薄伽梵歌》的意义。最终，我体验到了罗摩和克利须那，以及基督教圣徒所描述的那种同样的精神入迷。

世界上的万事万物都是光辉灿烂，精美绝伦。所有的生命都“光芒四射”，并且这种“光芒”是以一种静谧和光辉显现的。

很显然,整个人类实质上的动机都是出自一种内在的爱,只不过是不自觉罢了。许多生命仿佛睡着了一样,过着一种浑浑噩噩的生活,全然不知自己到底是谁。所有那些我周围的人,都仿佛入睡了一般,但是都异常的美丽。我爱每一个人。

在早晨,我会停止给病人治疗工作一小时,然后在午饭前重新开始工作。因为这样能够增强极乐的程度,是我自己所不能获至的。这样能够再次生成一种体验,它与我儿童时期的雪地体验相似。但是想要走出这种境界,重返俗世,却变得越来越困难。一切事物都异乎寻常的美丽,尽善尽美,熠熠生辉;俗世觉得丑陋的,我都感到了一种永恒之美。所有的感受都渗透了精神之爱;此处与彼处,彼时与此时,或者我和你之间的界限统统消逝不见了。

多年来我都沉浸在一种祥和心境中,"存在"的能量渐次递增。我没有任何私人生活;我的个人意志也不复存在;我就是"无限存在"的工具,我为之服务,遵照它所吩咐的去做。在"存在"的巨大的光环里,人们能感到一种非凡的宁静。探求者从我这里希求答案,但是既然那个叫做大卫的个体已经不复存在,在我看来他们所做的,也无非就是他们"自我"所提供的一些谋略而已,与我自己的并无任何不同。如果我注视着任何一个人,我的"自我"就在他们眼中闪耀着光芒。我不知道我该怎样进入所有这些人的体内。

奇迹的发生超出了凡人的理解能力。我身上许多多年的慢性病都消失了,视力也恢复了正常,再也不用戴远视近视两用眼镜了。我经常能够感觉到一种微妙的、快乐的能量,在面对一些灾难现场时,一种无尽的爱突然能够从我的心里流露出来。一次我正在高速路上开车，这种微妙的能量从我的胸膛里流露出来：我在拐弯时，看见了一场车祸。汽车翻了过来，轮子还在打转。这股强烈的能量注入给了车内的人，很快又停止了。还有一次，我在一个陌生的城市街头散步，这股能量又开始从我前面的街区穿过去，引领我来到了一群帮派刚开始斗殴的地方。这些打架的人都后退了，然后又开始笑，于是能量就又消失了。

感知产生了深刻变化，并且来得毫无预兆，发生在几乎不大可能的情境中。当我独自在长岛的罗斯曼饭店吃饭的时候，"存在"突然增强了，直到原本在正常的认知看来是单个的事件和个人，融入了一个永恒的存在和全一状态。在这个静止不动的沉默中，我看不到任何"事件"和"事情"，实际什么事都没有发生。因为过去、现在和未来只是感知的假象而已，就像一个独立的"我"受到出生和死亡影响是一个幻象一样。如果虚假的、有限的自我能够融入其真正起源的宇宙的大我，那么就能产生一种远离尘嚣的归属感。这是一种绝对的宁静祥和状态，从所有的痛苦中解脱了。个体认为自己是所有痛苦的源泉，这仅仅是一个幻象而已。如果一个人能够意识到自己就是宇宙，是完整的，并且和一切万有是相统一的，没有边际，那么也就能够避免进一步的痛苦和伤害。

病人从世界各地投奔而来，有些是处于极度绝望之中。他们的精神已经严重失常，无可救药、严重错乱，希望得到治疗。他们中一些是精神症患者，许多已经失语多年。但是每一位患者身上，在他们残缺的外表下，我清楚地看到爱与美的本质熠熠生辉。或许对普通人来说却是相当暗淡无光，以至于他/她不为世人所爱。

一天,一位身穿紧身夹克衫、失语的精神症患者,被送到了我所在的医院。她患有严重的神经功能损伤性疾病,无法站立。她在地板上不安地扭动身体,浑身痉挛,眼睛上翻。她的头发乱糟糟结成一团,撕开了身上所有的衣服,喉咙里不断发出声音。她家相当富裕,多年来请了无数位医师为她医治,其中还包括很多世界各地的知名专家。每一种方法都在她身上试过了,最终医学界放弃了对她的治疗。

我看着她,用一种非言语性的动作询问:"您希望我怎样治疗她,上帝?"然后我意识到,我只是需要去爱她,如此而已。她的内在自我在眼中闪耀着光芒,我用本真的爱与她交流。马上,她就被自己的认知治愈了,因为她认识到了自己到底是谁,她已经不再在意在她头脑和身体上发生的事情。

基本上,这种情形在无数患者身上都发生过。在当今世界的眼中,一些人痊愈了,有一些没有。但是无论在临床上能不能逐渐康复,患者都不会在意。他们内在的痛苦消失了,一旦他们感到被爱和内心的平和安宁,痛苦就会停止。这一现象只能这样来解释,每一位病人的现实都被"存在的怜恤"进行了语境重置,所以他/她体验到了一种超凡脱俗的治疗体验。内在的平和超越了时间和身份,包围着我们。

我看到,所有的痛苦和磨难仅仅是来源于自我,而与上帝无关。我将这一真理,默默传达给我的大脑。我凭直觉知道,另一位失语多年的精神症患者身上存在心理障碍。我对他说,"这一切都是你的自我造成的,你却为此责备上帝",他从地板上蹦了起来,开始说话,把在场的护士吓了一跳。

但是这一工作变得越来越繁重,最终排山倒海,让我不堪重负。尽管我所隶属的医院又建了额外的病房来容纳我的病人，但是病人还是排着长队等待空出的床位。面对接踵而来的人类痛苦，我感到深深的沮丧，因为我一次只能治疗一个病人。这就像从大海里向外舀水一样。我觉得，应该能有一种方法可以纠正这些常见不适的病因，使人能够从没完没了的精神痛苦和人类的痛苦中解脱出来。

当我首次接触人体运动学的时候，我立刻为其潜在应用感到大为惊讶。在两个宇宙之间的"蠕虫洞"，即物质世界和心灵世界之间，这是维度之间的接口。这个世界充斥着浑浑噩噩的人，他们迷失了自己来时的方向，对他们来说，这是一个能够找回自我的工具。它能够向所有人证明，这能够使他们恢复同更高的真实存在之间的联系。从这一研究出发，我开始检测我能想到的每一项物质、思想和概念，并且让我的学生们和研究助手也做同样的检测。然后我注意到了一个奇怪的现象：虽然诸如日光灯、杀虫剂和人工甜味剂之类的负面刺激能够使得所有的被试者感到虚弱，但是许多进行灵性修持，并且提高了自己意识水平的信徒，却并不会同常人一样。在他们的意识中肯定发生了某些重大的、断然的改变，很明显，他们不再受制于世界的摆布，而只是受他们内心信仰的指引。或许，正是朝着觉悟前进的这一进化的过程，能显示出人类对抗存在的兴衰变迁的能力在增强。

我越来越惊叹于这种仅仅是通过想象与憧憬，就能改变事物的能力。多少次我曾看到，一旦爱取代了"非爱"，它就能改变世界。通过将爱的能量集中于一个特定点，整个文明体系都会得到彻底改变。每当这种事情发生的时候，历史都会在新的路途上分道扬镳。

现在,这些至关重要的洞察力不只是能够与世界交流沟通,而且还是显而易见,无可争议的。人类生命中的巨大悲剧,似乎总是集中于一点,即心灵是那么容易受骗。纷乱和争斗,是人类无力辨别真伪的必然结果。但是,对这一最基本的困境,此处就提出了一个解决办法,将意识的本质重新进行语境设置,能够对这一切进行解释,否则只能妄自揣测。

是时候了,应该起身离开我位于纽约第五大道的公寓和位于长岛的别墅,因为我发现了一些比这些更为重要的事物。在我的想法成形之前,我需要将自己打造成一件工具。我离开了喧嚣尘世,在一个小镇上过了七年与世隔绝的生活,其间,我沉溺于沉思冥想和学习研究。

但是浓烈的幸福感总是不求而得,最终我认识到,我不得不教会自己懂得"神圣的临在",并仍然要为这世界贡献能量。我不知道整个世界上都发生了些什么事。为了做调查,写文章,我就必须要停止所有的精神修行来关注这个有形的物质世界。我开始看报纸、看电视,以弥补以前所不知道的事件、名人以及当今社会对话的本质。我并不知道谁在参加竞选,也不知道戴安娜王妃是谁,但是我觉得重新熟悉这个世界也是件乐事。

特殊和主观的真理体验是神秘主义者的范畴,他们通过从自身的个体意识向集体意识散发能量而影响整个人类,但是对于人类中的绝大多数来说,却并不能理解。因此,除了精神信徒之外,对于其他人来说,其意义非常有限。我现在想回归普通人的行列,仅仅是因为普通人也是神性的一种表达方式。个人的真实自我,能够在通往日常生活的途径中得以发现。生活在照顾和仁慈之中是所必需的一切，至于其他的，则会适时显现。平凡与上帝同在，本无区别。

所以，经过一个长时间的精神周游之后，我返身做这项至为重要的工作，至少竭尽全力，能使尽可能多的同胞们了解这使我的生命得以延续的“存在”。

“存在”缄默不语，传递出一种宁静的状态。它温柔无限，却又像块岩石。有了它，所有的恐惧都消失了。精神愉悦是一种令人费解的狂喜，却又非常安静。因为关于时间的体验停止了，也就没有任何忧虑、遗憾或者痛苦，也无所谓希望；愉悦的源头源源不断，永远存在。因其无始无终，就没有损失或者悲伤；不需要做任何事情，一切事物都已然是完美无缺的。

如果时间停滞，一切的问题就消失了；它们只不过是一种视角的产物而已。鉴于“存在”占据上风，就没有进一步对身体或精神的识别。一旦心灵在沉默中成长，那么“我是”这种念头，也就不见了。“彻底的觉悟”就会闪耀光芒，照亮个体的现在、过去和未来，贯穿一切世界和宇宙之外，超然于时间之外，因而也是无始无终的。

人们会问，“怎样才能够达到这种境界呢？”我只能跟大家分享一下我的个人体验，并且还注意到，因为头脑太单纯，很少有人能按照这一步骤来做。首先，你想达到这一境界的目的必须十分迫切。然后，在行为中，要不断地宽恕所有人，与人为善，不生分别心。对世间一切都怀有同情心，包括自我的灵魂和思想。接下来，就要愿意去控制自己纷纷扰扰的欲望，随时准备牺牲自己的意志。随着每一个念头、感情、欲望或者行为都臣服于上帝，心灵就会变得越发沉寂。起初，我将所有的人生经历和照片都翻阅了一下,然后反思了我的念头和理念。既然放弃了自己这些的想法,就不会再苦苦思索,甚至在只形成了一半时,念头就支离破碎了。最后,我能在这些念头还未成形的时候,将它们背后的能量完全颠覆。

坚持不断、始终如一地关注一个焦点,即使是在日常活动中,甚至都不允许从沉思冥想中稍有分心。起初这看起来很困难,但是随着时间流逝,它就成为了一种习惯性的、自发的、越来越省力的行为,直至最终无需费吹灰之力。这个过程就像火箭挣开引力飞出地球一样。起初,这一过程需要巨大的能量,然后随着它脱离了地球的重力场,所需要的能量就越来越少。最终它进入太空之后,就依靠自己的动力前进了。

知觉的变迁就这样突如其来、没有预兆地产生了。"存在"就在此处,准确无误,无所不包。在自我消逝以后,就会有一些不安和忧虑。然后,绝对的"存在"就会激发起敬畏之心闪现。这种惊人的进展非常引人入胜,比以往我知道的任何事件都更为激烈,日常体验无法与之匹敌。这种随之而来的深深的震撼,被"存在"之爱缓冲了一下,如果没有这种保护,人就会被彻底摧毁了。

随着自我执著于自身的存在,就会产生瞬间的恐怖,恐惧将会化为乌有。相反,随着自我的消亡,它就会被"大我"所取代,成为一切,"天地万物"就会以其本真的面貌出现。由于非定域性,知觉意识到个体就是曾经和将来的一切。个体是完整的,超越了所有身份、性别,甚至是人性本身。个体再也无需恐惧痛苦与死亡。

从这个角度上来说,身体上发生的事情,都是无关紧要的。

在灵性觉醒这一特定层面，身体上的疾病能够愈合，或者能够自动消失。在这一绝对状态，这些考虑都变得无关紧要了。身体将按照它预设好的轨迹运行，然后再返回其来处。这件事并不让个体受到影响，身体显得像是“它物”，而不是一个“自我”，就像房间里的一件家具一样。这可能看起来有些滑稽，因为人们还是将身体称作“你”，但是却没有办法将这种状态解释给那些没有意识到这一点的人。最好是继续自己的生活，并交由“天意”来进行社会调适。然而，一旦个体到达了极乐状态，要想掩藏这份强烈的狂喜是非常困难的。这个世界也许都会眼花缭乱，神魂颠倒，人们从四面八方赶来，沉浸在这一氛围中。精神信徒和那些在精神上有求知欲的人，可能会被吸引而至，正像那些病得很厉害的人希冀奇迹出现一样。个体可能就会成为一块磁铁，变成他们欢乐的源泉。通常，此刻就会产生一种与他人分享这一状态的欲望，想以此来惠泽众生。

伴随着这种情形而来的狂喜，并不是绝对稳定的，也有极度痛苦的时候。如果这一状态起伏不定，突然又莫名消失了，这种时候痛苦最为强烈。在这样的时候，通常就会带来长时间的强烈的绝望情绪，就像被“存在”抛弃了一般，感到恐惧。这些挫折使得这一道路漫长艰巨，要超越这种逆转，就必须要求具有坚定的意志。很明显，一个人必须超越这一层次，或者是不断忍受这一痛苦的“天恩坠落”。在一个人投身于超越二元性这一艰巨任务之时，直到个人超越了所有的对立和互相对立的力道，那么狂喜的荣耀就不得不被放弃。尽管高高兴兴地放弃了自我的铁链是一件事，但是放弃了狂喜的欢乐的金链却完全是另外一回事。感到仿佛是个人放弃了上帝，一种从未预想到的新层次恐惧油然而生：这是绝对孤独的最后的恐怖。

就我本人而言，对"本无"非常恐惧，在其临近的时候，我不断往后退缩。这些痛苦和"灵魂的黑夜"的目的，就变得显而易见了：它们是如此不堪忍受，以至于剧烈的疼痛能激发出人们最大的努力去超越它们。当在天堂与地狱之间的这种踌躇徘徊和游移不定，已经到了难以让人忍受的地步的时候，存在本身的欲望就必须要做出让步。一旦做到了这些，一个人就最终可能超越普遍性或者虚无，超越存在或者本无。这种内在的工作巅峰也是最困难的阶段和最终的分水岭，至此一个人就能彻底明白，他刚刚超越的存在这一幻象是再也无可挽回了。这一步一旦迈出，就无法回头，这一不可逆性使得这一最终的障碍变成一个最令人生畏的选择。

但是最后，在这一自我的最终启示录中，"存在"与"虚无"这一对仅存的二元对立的消解，就是自我本身融入了无所不在的神性，没有任何个体意识可供选择。那么剩下的最后的一步，就是等到生命结束的那一天，我们被上帝召回。

大卫·R·霍金斯

因为这一著作，作者被丹麦皇室封为爵士。1996 年 10 月，丹麦王子格瓦尔德玛在耶路撒冷的圣约翰教堂（该教堂建立于公元 1070 年）为他主持了仪式。